Descargo de responsabilidad:

Tenga presente la información contenida en este documento tiene fines exclusivamente educativos y de entretenimiento. Se ha realizado un intenso esfuerzo para presentar información exacta, actual, confiable y completa. No otorga garantías de ninguna clase expresas o implícitas. Los lectores reconocen que el autor no está involucrado en la prestación de servicios legales, asesoramiento jurídico, financiero, médico o asesoramiento profesional. El contenido de este libro proviene de varias fuentes. Consulte a un profesional de la salud titulado antes de realizar cualquier
técnica que se expone en este libro.

Al leer este documento, el lector acepta que en ningún caso el autor es responsable de las pérdidas, directas o indirectas, que se incurran como resultado del uso de la información contenida en este documento, incluidos, entre otros, errores, omisiones o inexactitudes.

TABLA DE CONTENIDO

POSTURAS DE YOGA PARA PRINCIPIANTES

POSTURAS DE YOGA PARA PRINCIPIANTES

1. POSTURA DE MONTAÑA

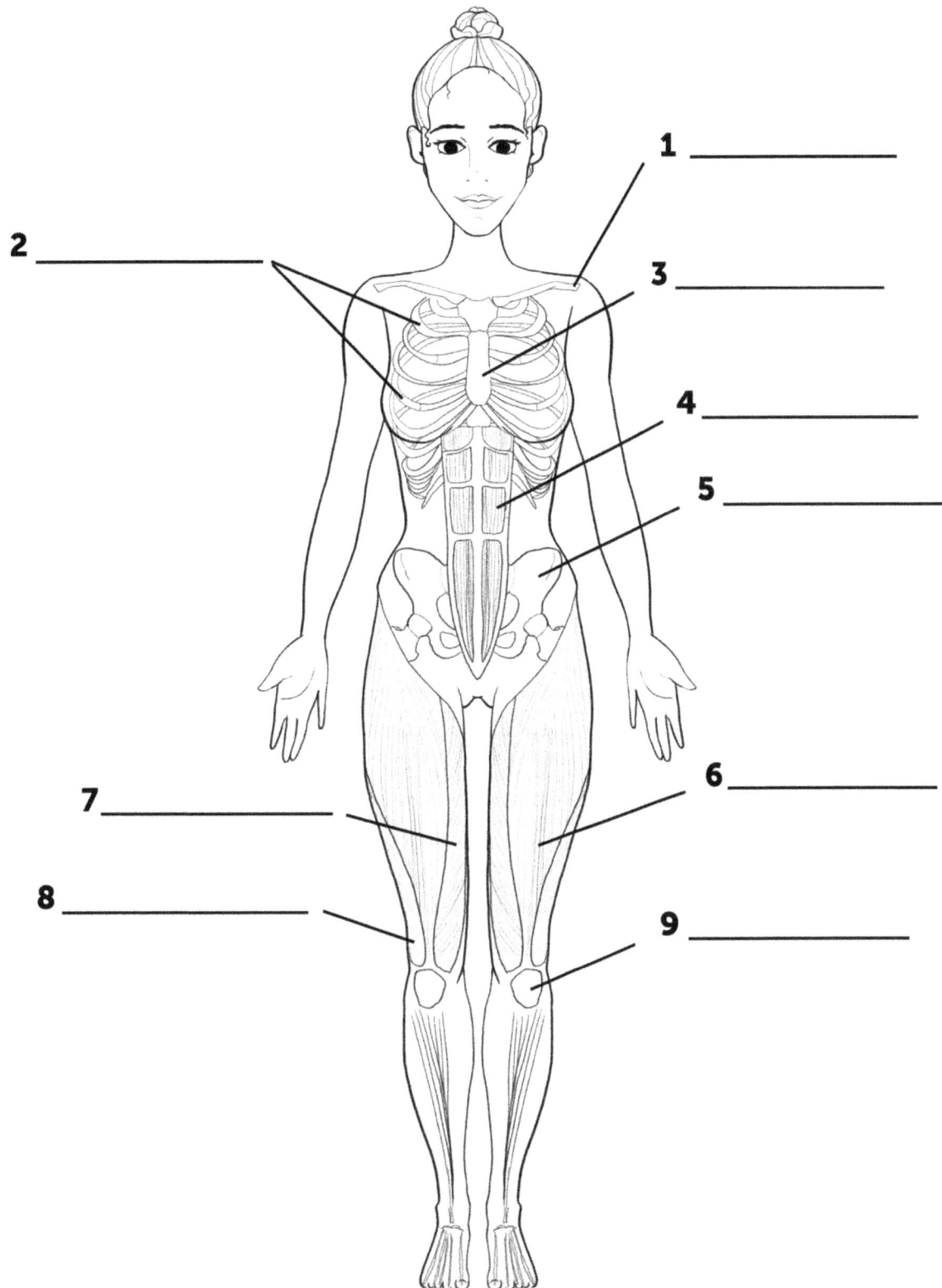

1 _____

2 _____

3 _____

4 _____

5 _____

6 _____

7 _____

8 _____

9 _____

1. POSTURA DE MONTAÑA

1. CLAVÍCULA
2. COSTILLAS
3. ESTERNÓN
4. RECTO ABDOMINAL
5. PELVIS
6. CUADRÍCEPS
7. VASTO MEDIAL
8. MÚSCULO VASTO LATERAL
9. RÓTULA

2. POSTURA DE LA PALMERA

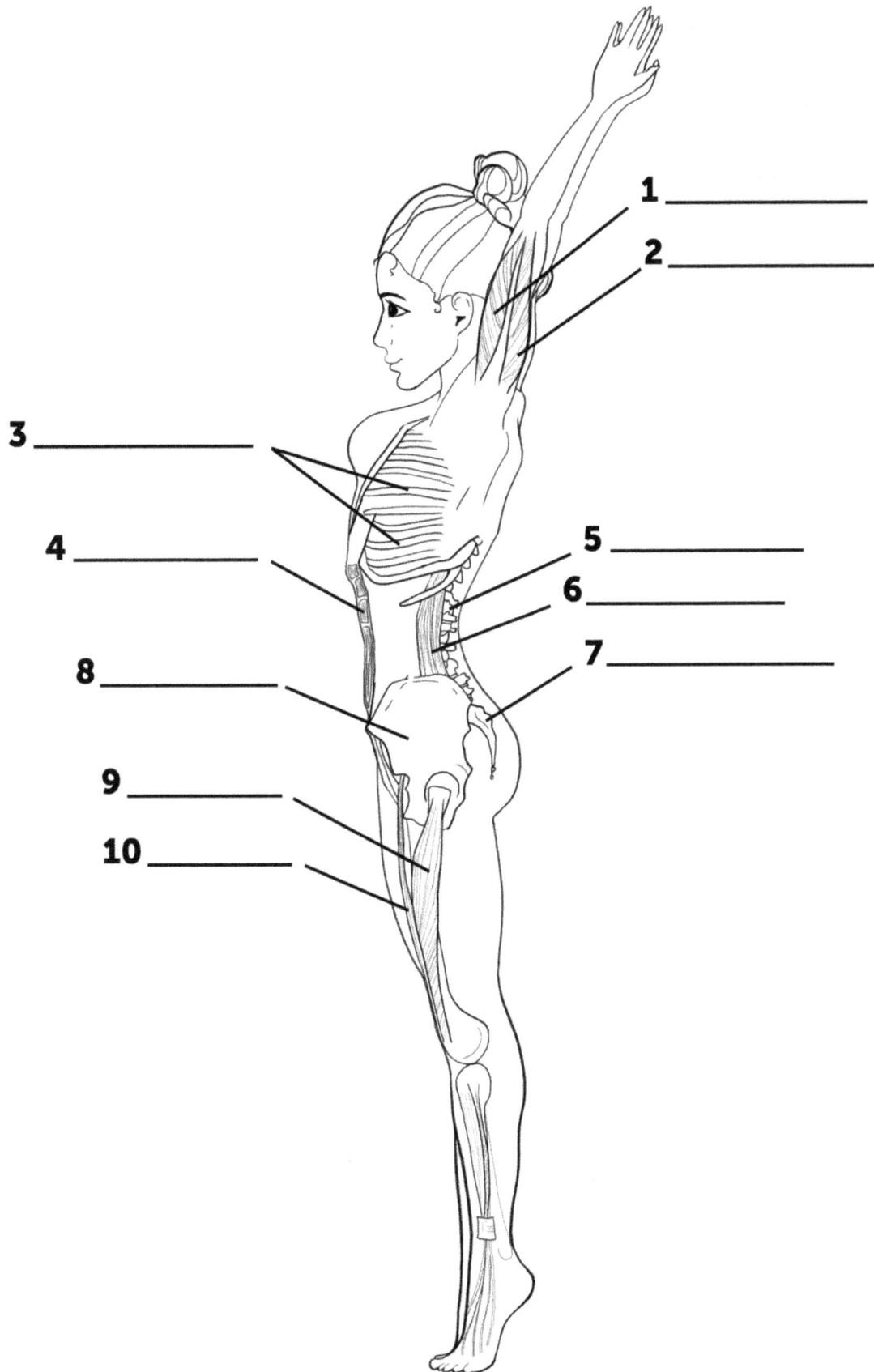

1 _____

2 _____

3 _____

4 _____

5 _____

6 _____

7 _____

8 _____

9 _____

10 _____

2. POSTURA DE LA PALMERA

1.   TRÍCEPS BRAQUIAL

2.   DELTOIDES

3.   COSTILLAS

4.   RECTO ABDOMINAL

5.   COLUMNA VERTEBRAL

6.   ERECTOR DE LA COLUMNA

7.   SACRO

8.   PELVIS

9.   RECTO FEMORAL

10. SARTORIO

3. URDHVA MUKHA SHVANASANA

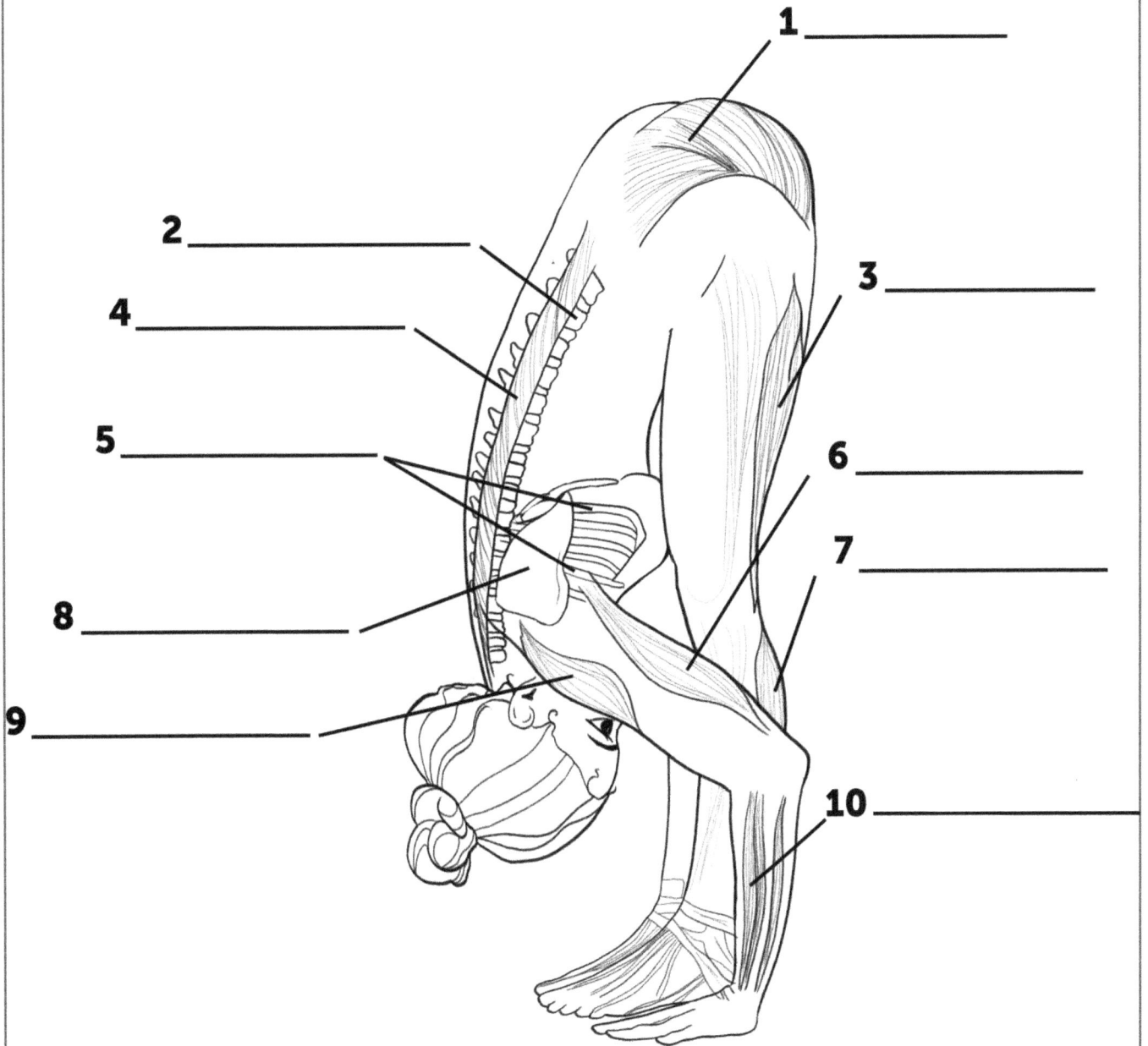

1 _____

2 _____

4 _____

3 _____

5 _____

6 _____

7 _____

8 _____

9 _____

10 _____

3. URDHVA MUKHA SHVANASANA

1. PIRIFORME
2. COLUMNA VERTEBRAL
3. ISQUIOTIBIALES
4. MÚSCULOS ESPINALES
5. COSTILLAS
6. TRÍCEPS BRAQUIAL
7. GASTROCNEMIO
8. ESCÁPULA
9. DELTOIDES
10. EXTENSOR DIGITORUM

4. ARDHA UTTANASANA

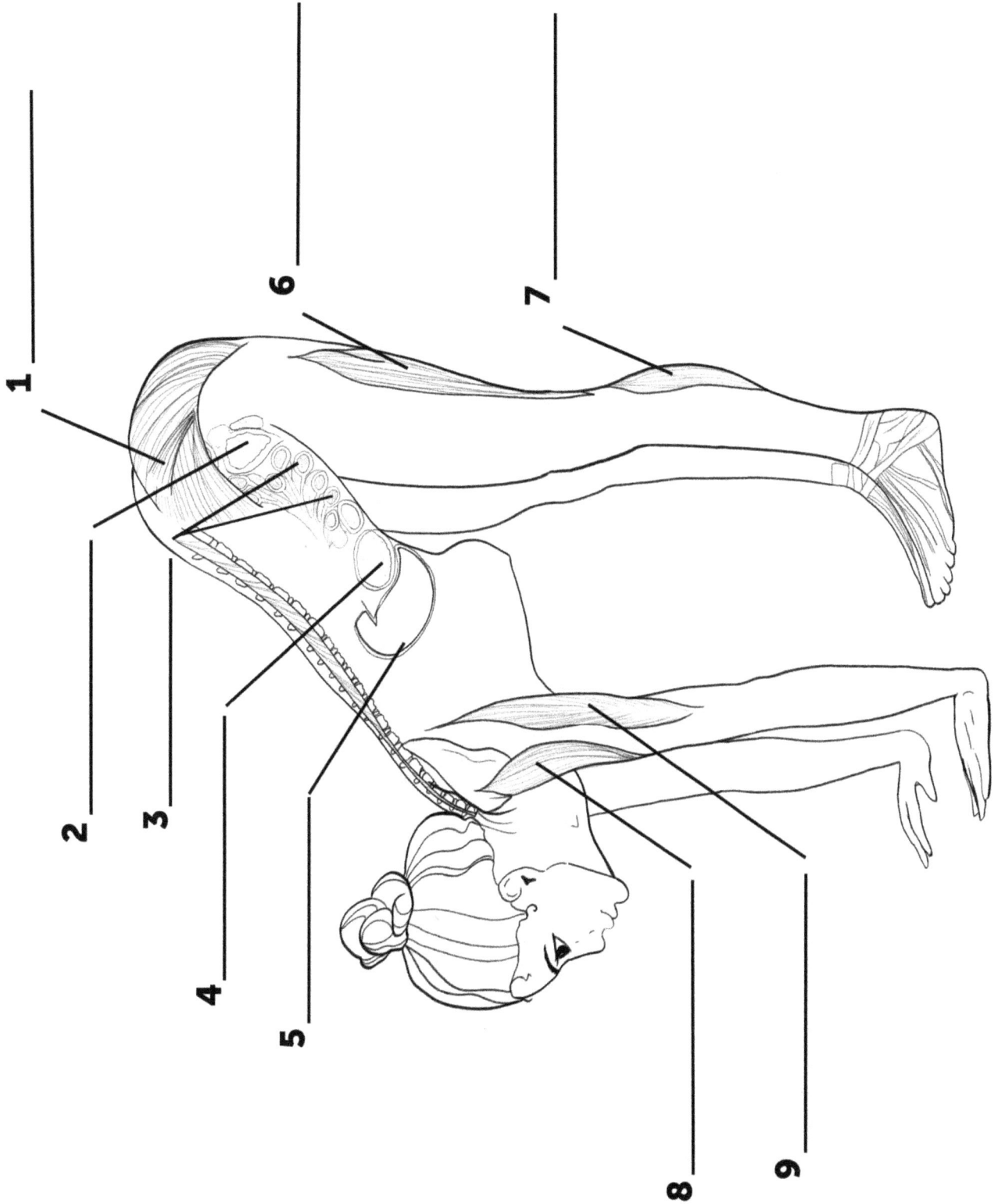

4. ARDHA UTTANASANA

1. PIRIFORME
2. VEJIGA URINARIA
3. INTESTINO DELGADO
4. ESTÓMAGO
5. HÍGADO
6. ISQUIOTIBIALES
7. GASTROCNEMIO
8. DELTOIDES
9. TRÍCEPS BRAQUIAL

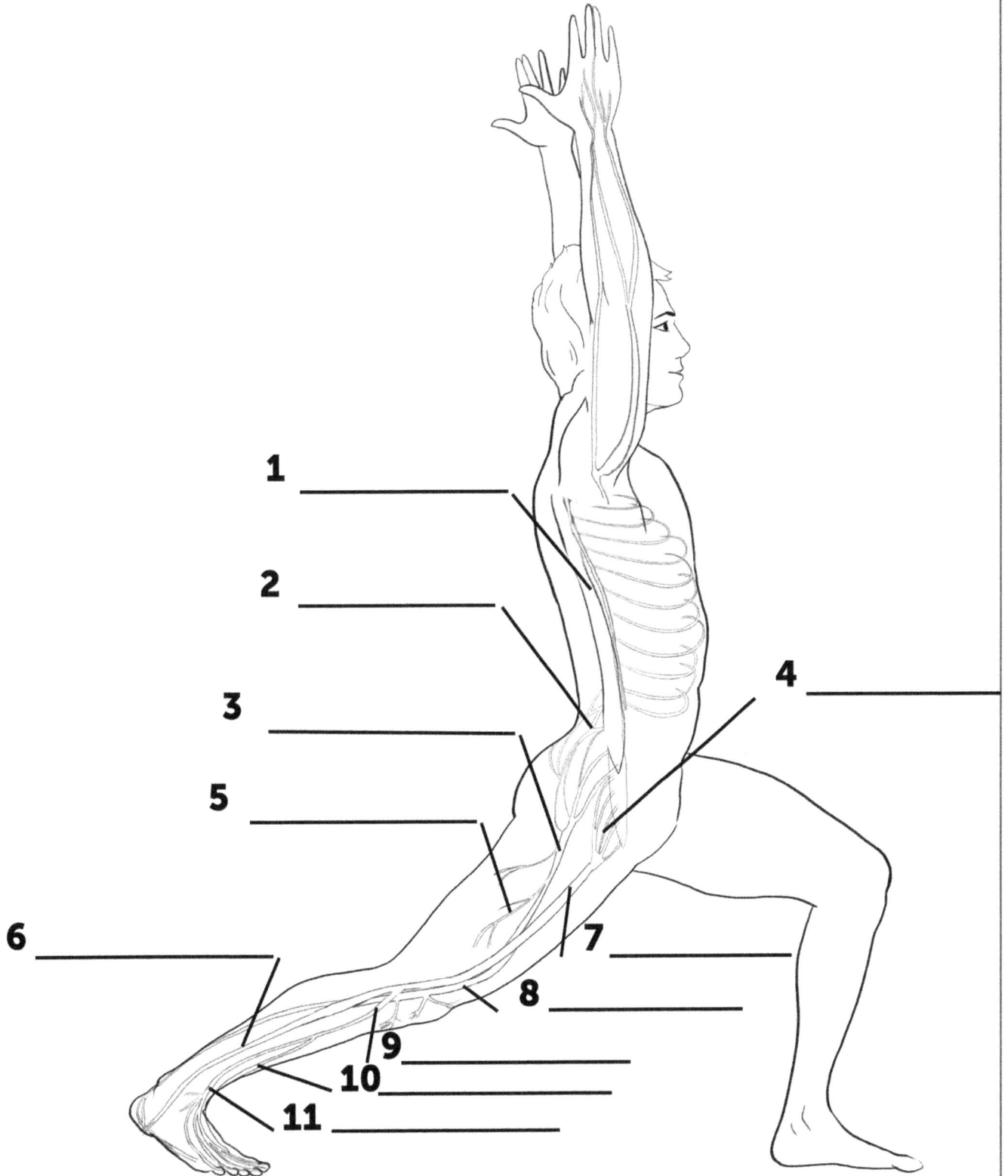

5. LUNGE ALTO

1 _____

2 _____

3 _____

4 _____

5 _____

6 _____

7 _____

8 _____

9 _____

10 _____

11 _____

5. LUNGE ALTO

1. MÉDULA ESPINAL
2. PLEXO LUMBAR
3. FEMORAL
4. PLEXO SACRO
5. RAMAS MUSCULARES DE FEMORAL
6. CIÁTICO
7. CIÁTICO
8. SAFENA
9. PERONEO COMÚN
10. SURAL
11. PERONEO SUPERFICIAL

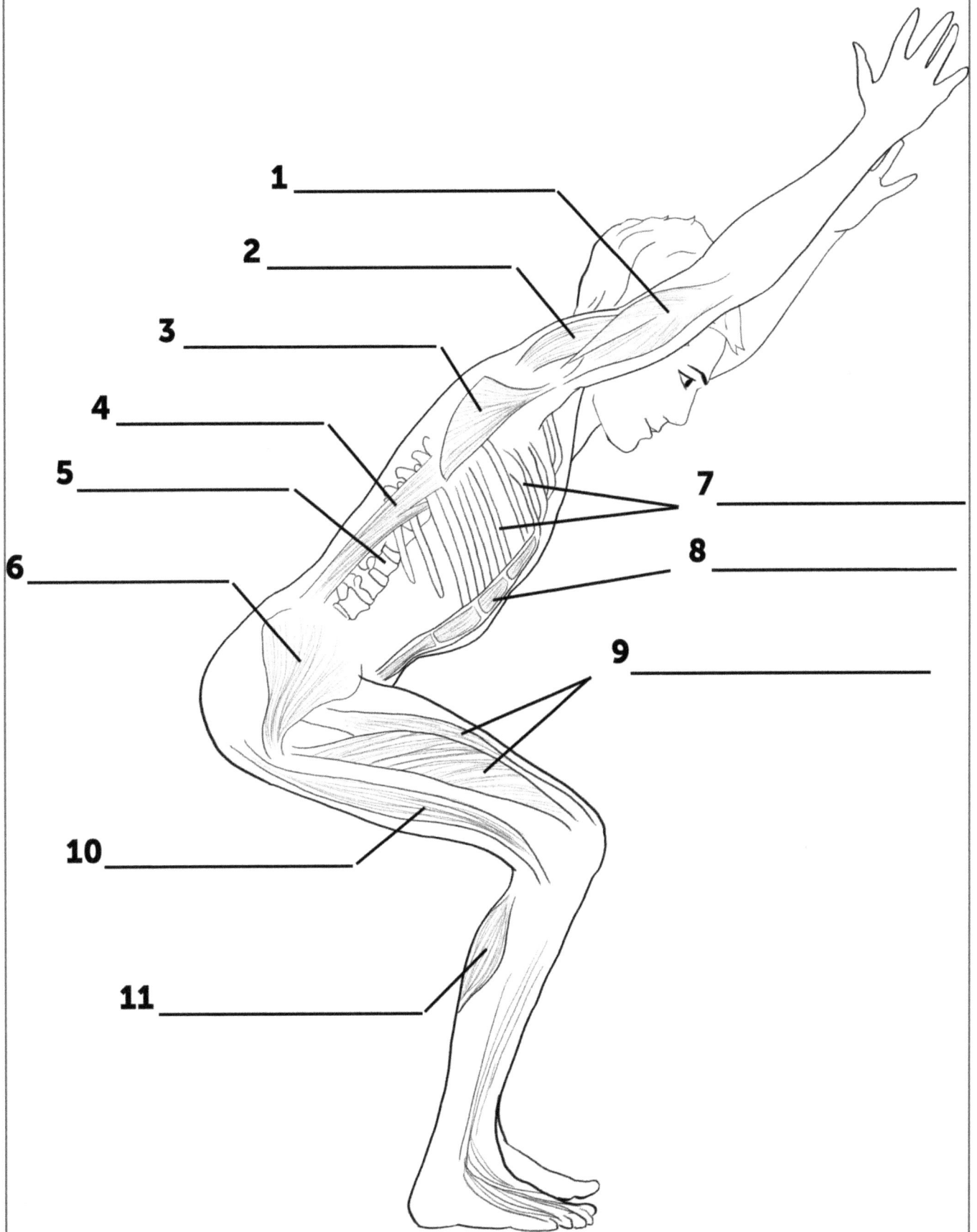

6. UTKATASANA

1 _____

2 _____

3 _____

4 _____

5 _____

6 _____

7 _____

8 _____

9 _____

10 _____

11 _____

6. UTKATASANA

1. TRÍCEPS BRAQUIAL
2. DELTOIDES
3. INFRAESPINOSO
4. ERECTOR DE LA COLUMNA
5. COLUMNA VERTEBRAL
6. GLÚTEO MEDIO
7. COSTILLAS
8. RECTO ABDOMINAL
9. CUADRÍCEPS
10. ISQUIOTIBIALES
11. GASTROCNEMIO

7. TRIKONASANA

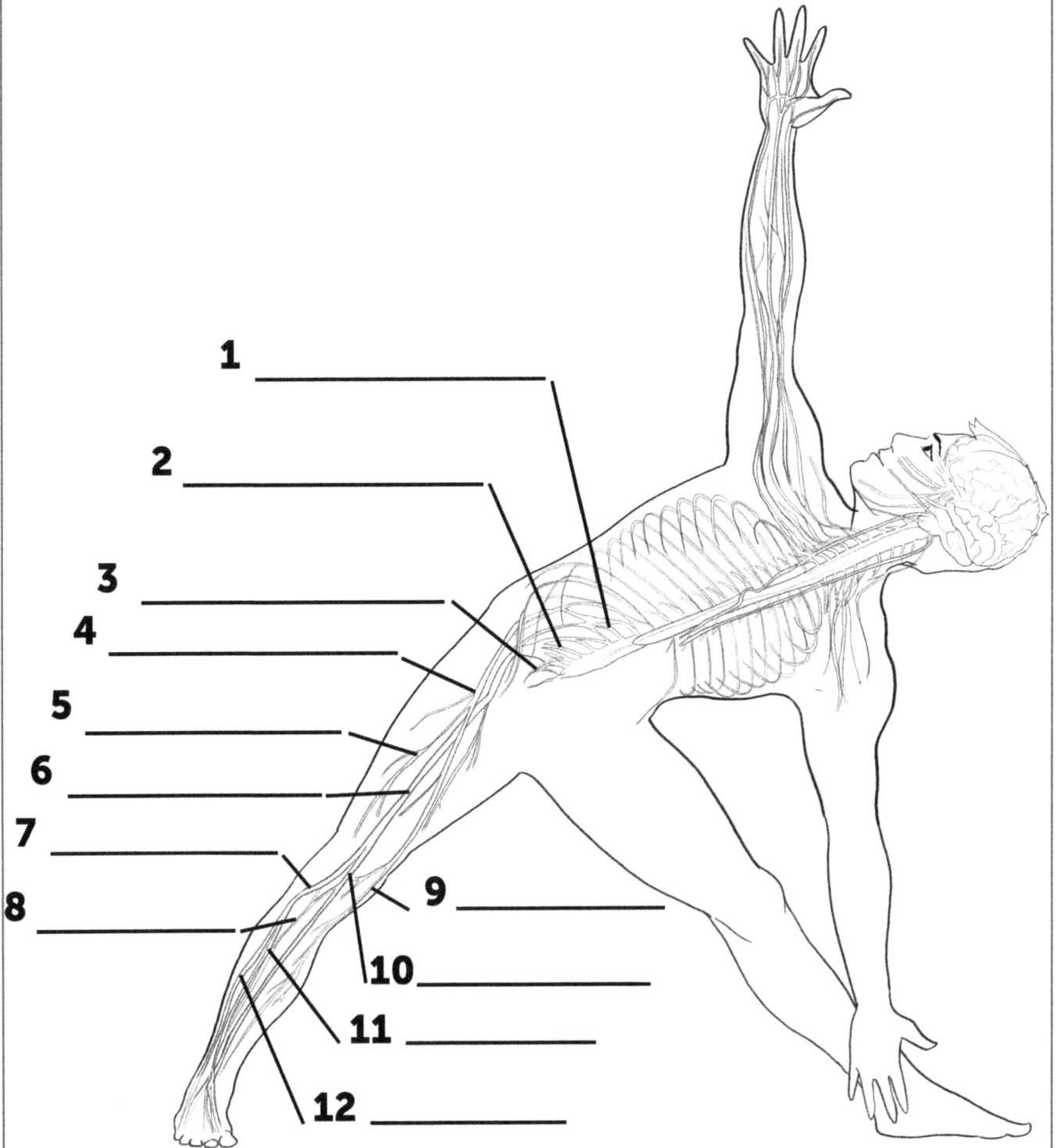

1 _____

2 _____

3 _____

4 _____

5 _____

6 _____

7 _____

8 _____

9 _____

10 _____

11 _____

12 _____

7. TRIKONASANA

1.   PLEXO LUMBAR

2.   PLEXO SACRO

3.   NERVIO PUDENDO

4.   FEMORAL

5.   RAMAS MUSCULARES DE FEMORAL

6.   CIÁTICO

7.   PERONEO COMÚN

8.   SURAL

9.   SAFENA

10.   TIBIAL

11.   PERONEO PROFUNDO

12.   PERONEO SUPERFICIAL

8. EUTTHITA PARSVAKONASANA

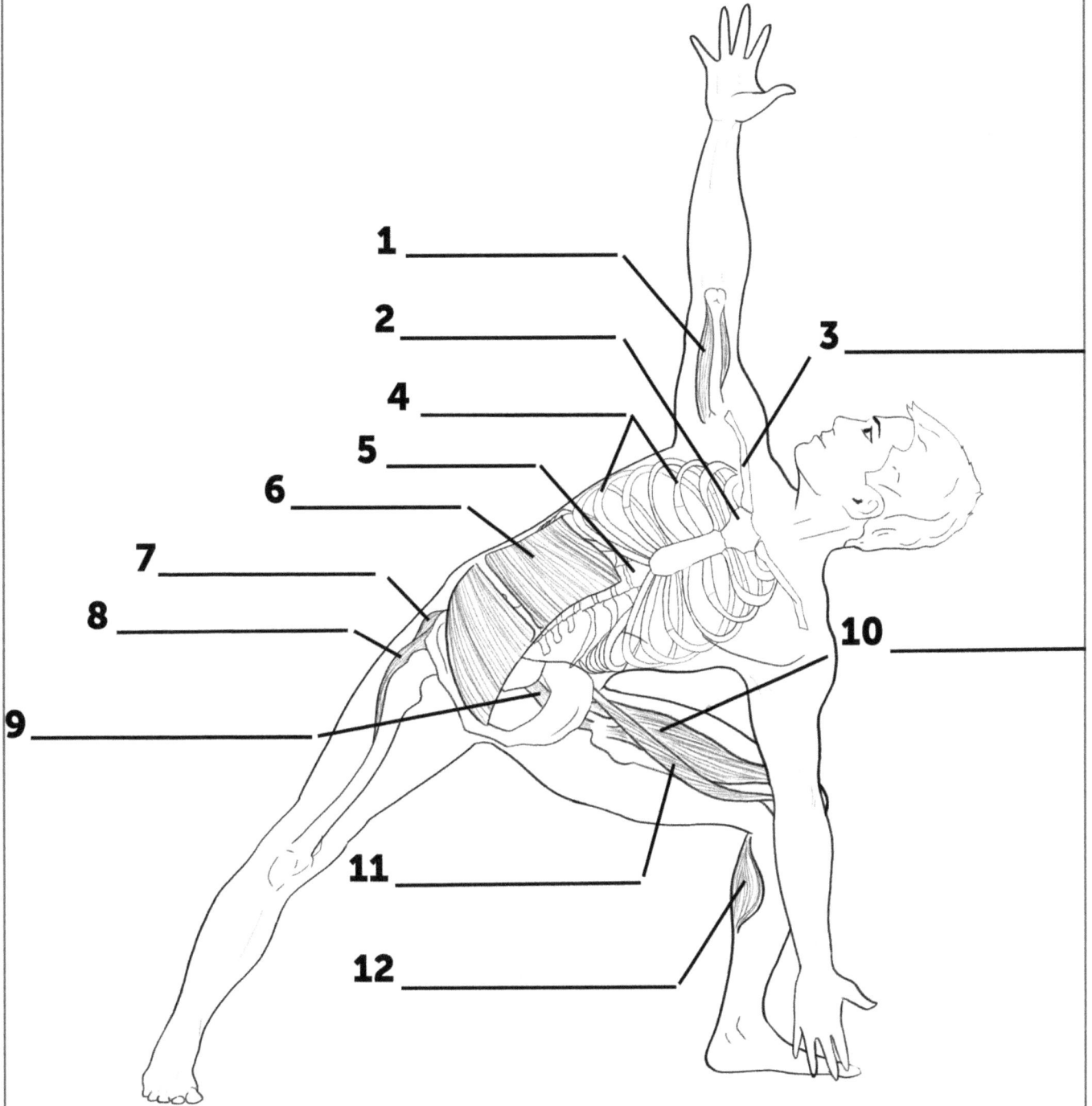

1 _____

2 _____

3 _____

4 _____

5 _____

6 _____

7 _____

8 _____

9 _____

10 _____

11 _____

12 _____

8. EUTTHITA PARSVAKONASANA

1. BÍCEPS BRAQUIAL
2. ESTERNÓN
3. CLAVÍCULA
4. COSTILLAS
5. COLUMNA VERTEBRAL
6. OBLICUO INTERNO
7. GLÚTEO MEDIO
8. MÚSCULO TENSOR DE LA FASCIA LATA
9. PIRIFORME
10. CUADRÍCEPS
11. SARTORIO
12. GASTROCNEMIO

9. DANDASANA

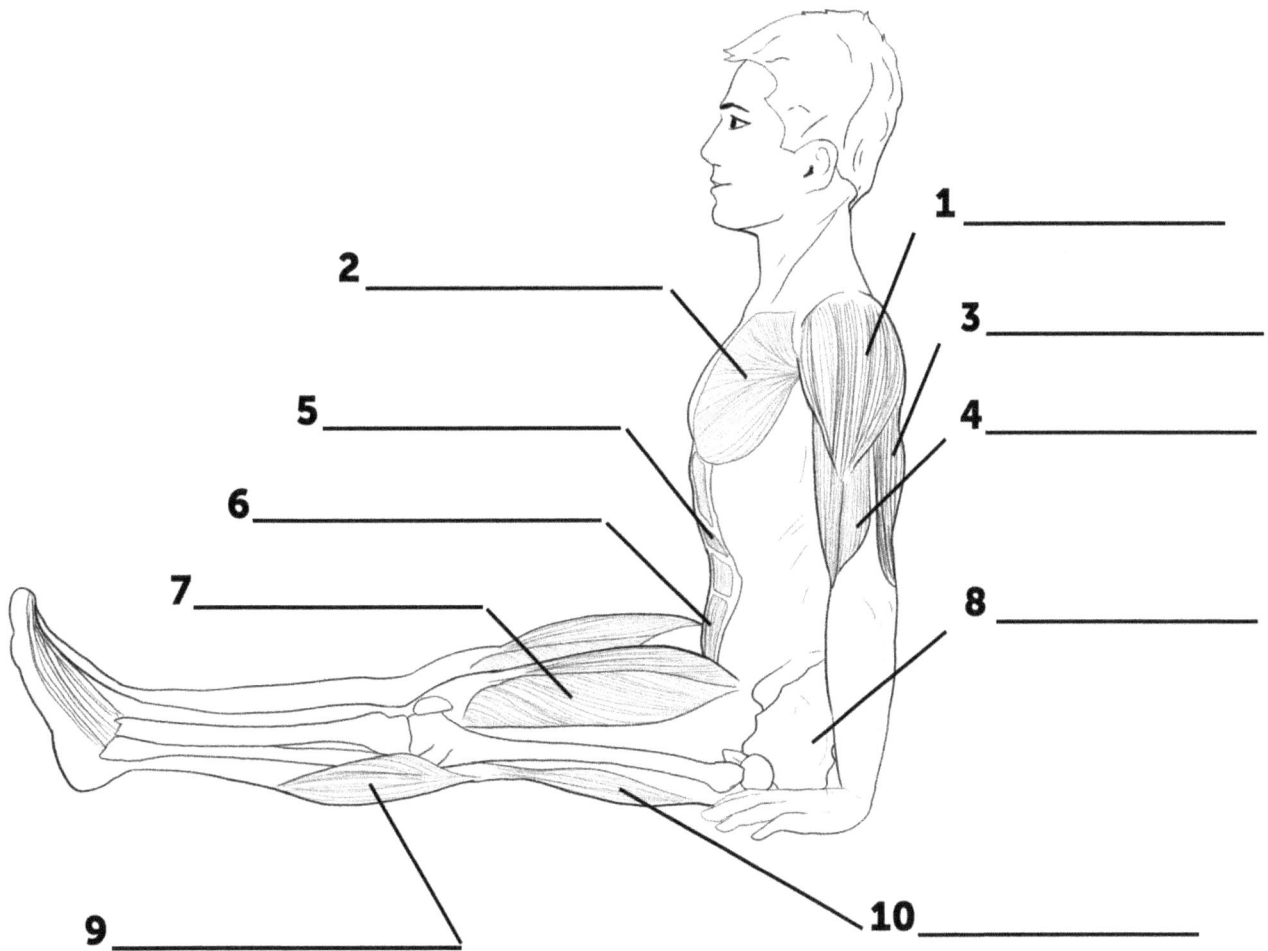

1 _____

2 _____

3 _____

4 _____

5 _____

6 _____

7 _____

8 _____

9 _____

10 _____

9. DANDASANA

1. DELTOIDES
2. PECTORAL MAYOR
3. TRÍCEPS BRAQUIAL
4. BÍCEPS BRAQUIAL
5. RECTO ABDOMINAL
6. MÚSCULOS DEL ABDOMEN INFERIOR
7. CUADRÍCEPS
8. PELVIS
9. GASTROCNEMIO
10. ISQUIOTIBIALES

10. SUKHASANA

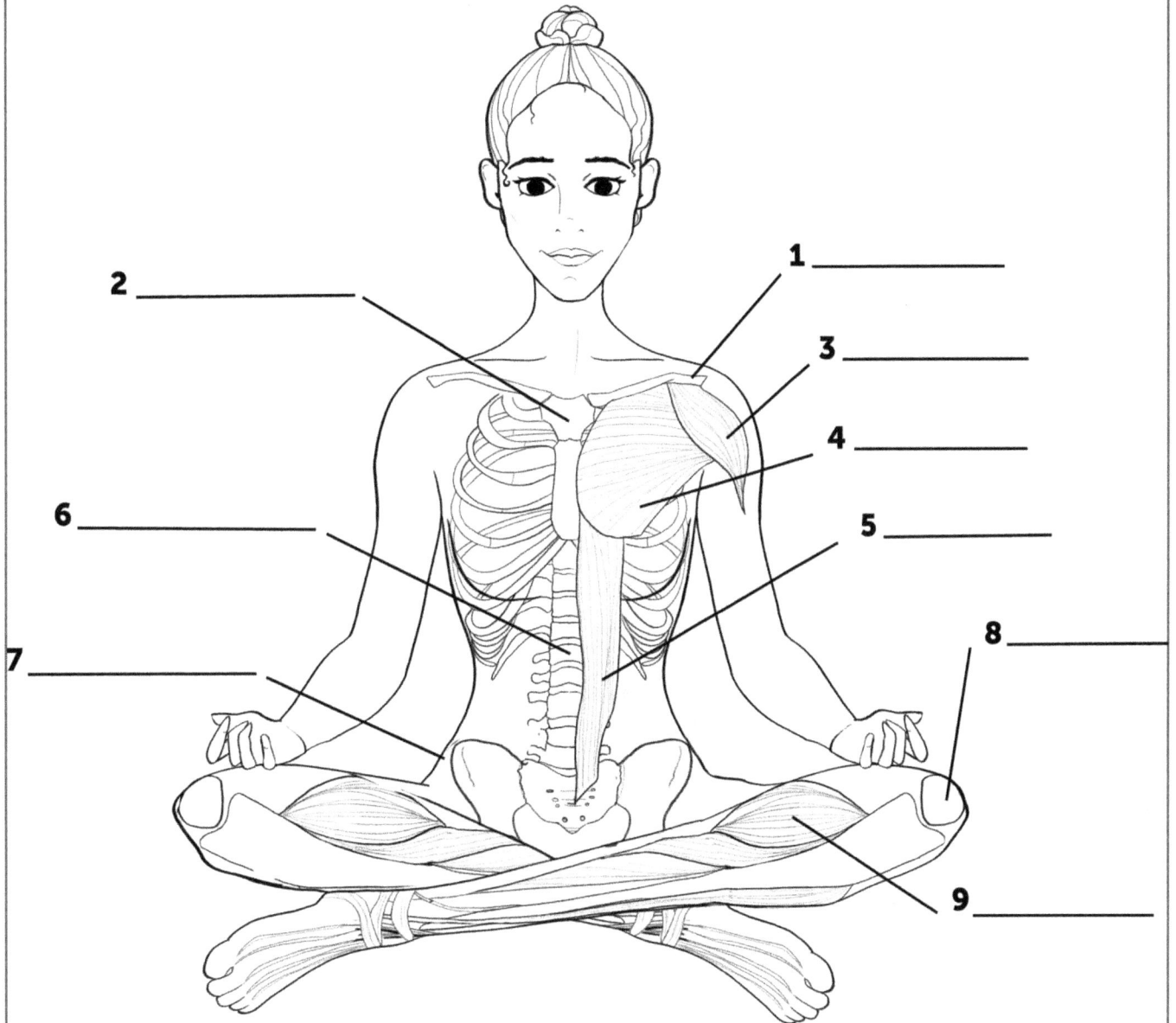

1 _____

2 _____

3 _____

4 _____

5 _____

6 _____

7 _____

8 _____

9 _____

10. SUKHASANA

1. CLAVÍCULA
2. ESTERNÓN
3. DELTOIDES
4. PECTORAL MAYOR
5. RECTO ABDOMINAL
6. COLUMNA VERTEBRAL
7. PELVIS
8. RÓTULA
9. GASTROCNEMIO

11. BADDHA KONASANA

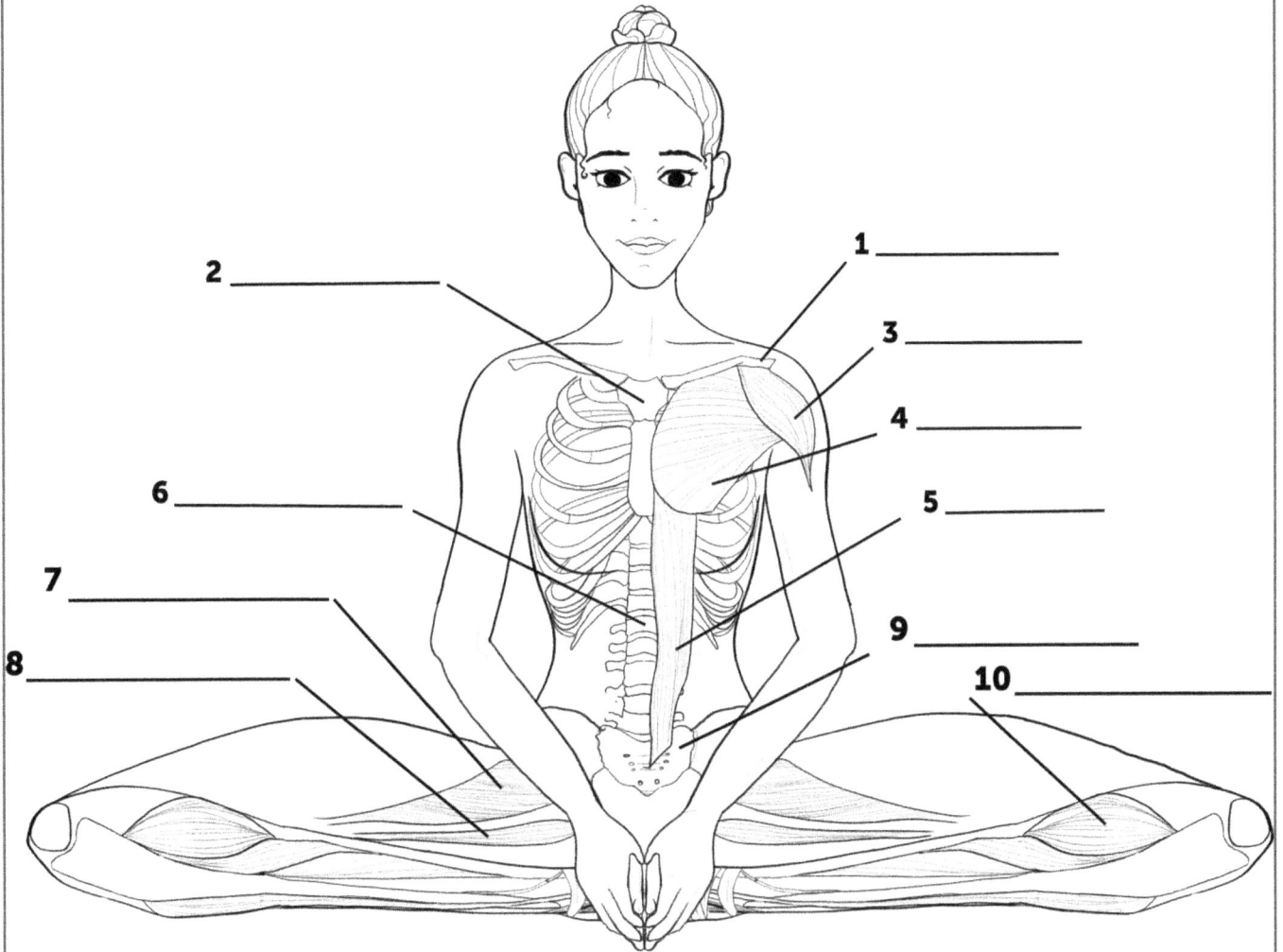

1 _____

2 _____

3 _____

4 _____

5 _____

6 _____

7 _____

8 _____

9 _____

10 _____

11. BADDHA KONASANA

1. CLAVÍCULA

2. ESTERNÓN

3. DELTOIDES

4. PECTORAL MAYOR

5. RECTO ABDOMINAL

6. COLUMNA VERTEBRAL

7. MÚSCULO ADUCTOR LARGO DEL MUSLO

8. GRÁCIL

9. SACRO

10. GASTROCNEMIO

12. ARDHA MATSYENDRASANA

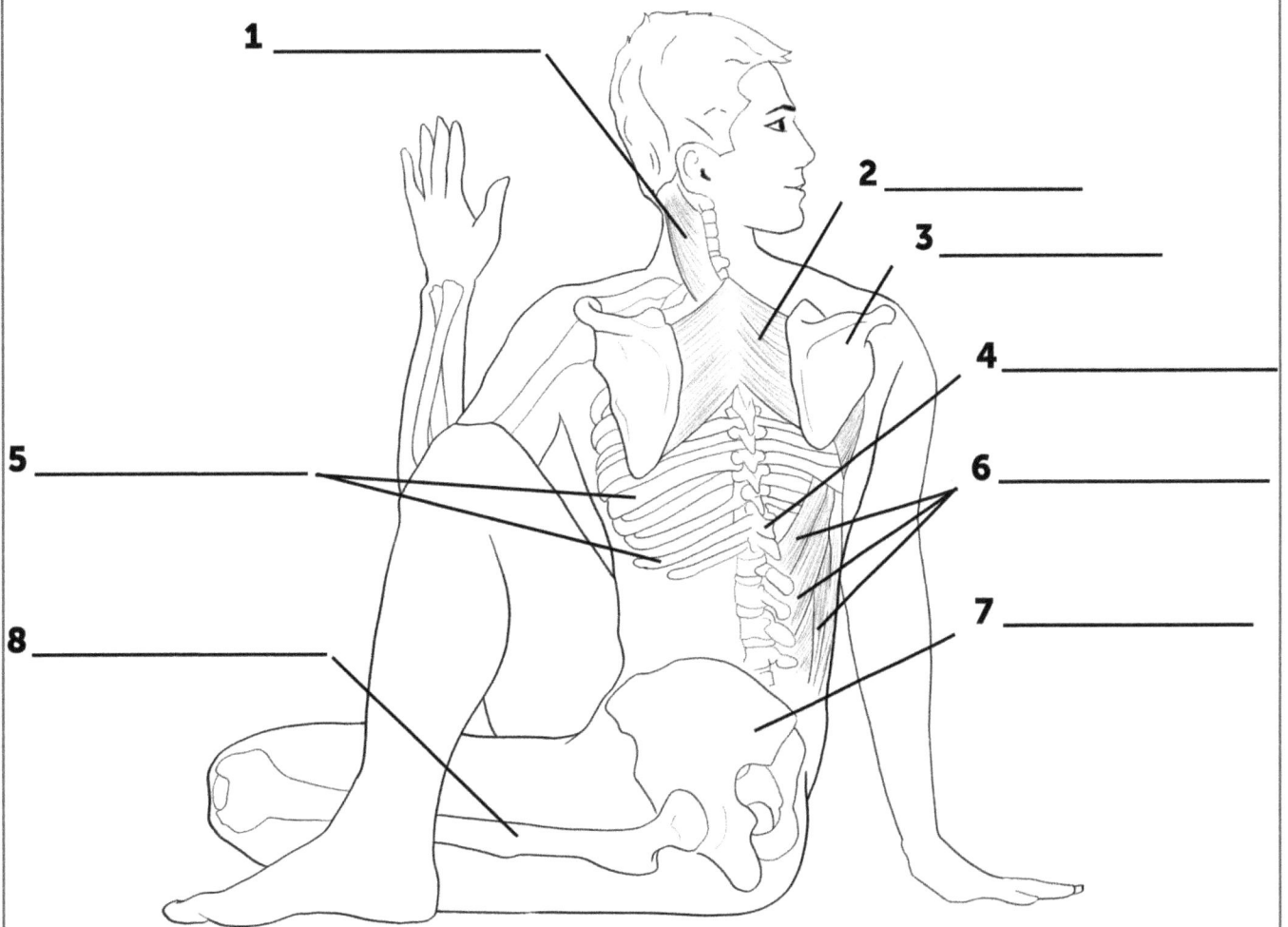

1 _____

2 _____

3 _____

4 _____

5 _____

6 _____

7 _____

8 _____

12. ARDHA MATSYENDRASANA

1. MÚSCULO ESPLENIO DE LA CABEZA

2. ROMBOIDES

3. ESCÁPULA

4. COLUMNA VERTEBRAL

5. COSTILLAS

6. ERECTOR DE LA COLUMNA

7. PELVIS

8. FÉMUR

13. POSTURA DE LA MESA

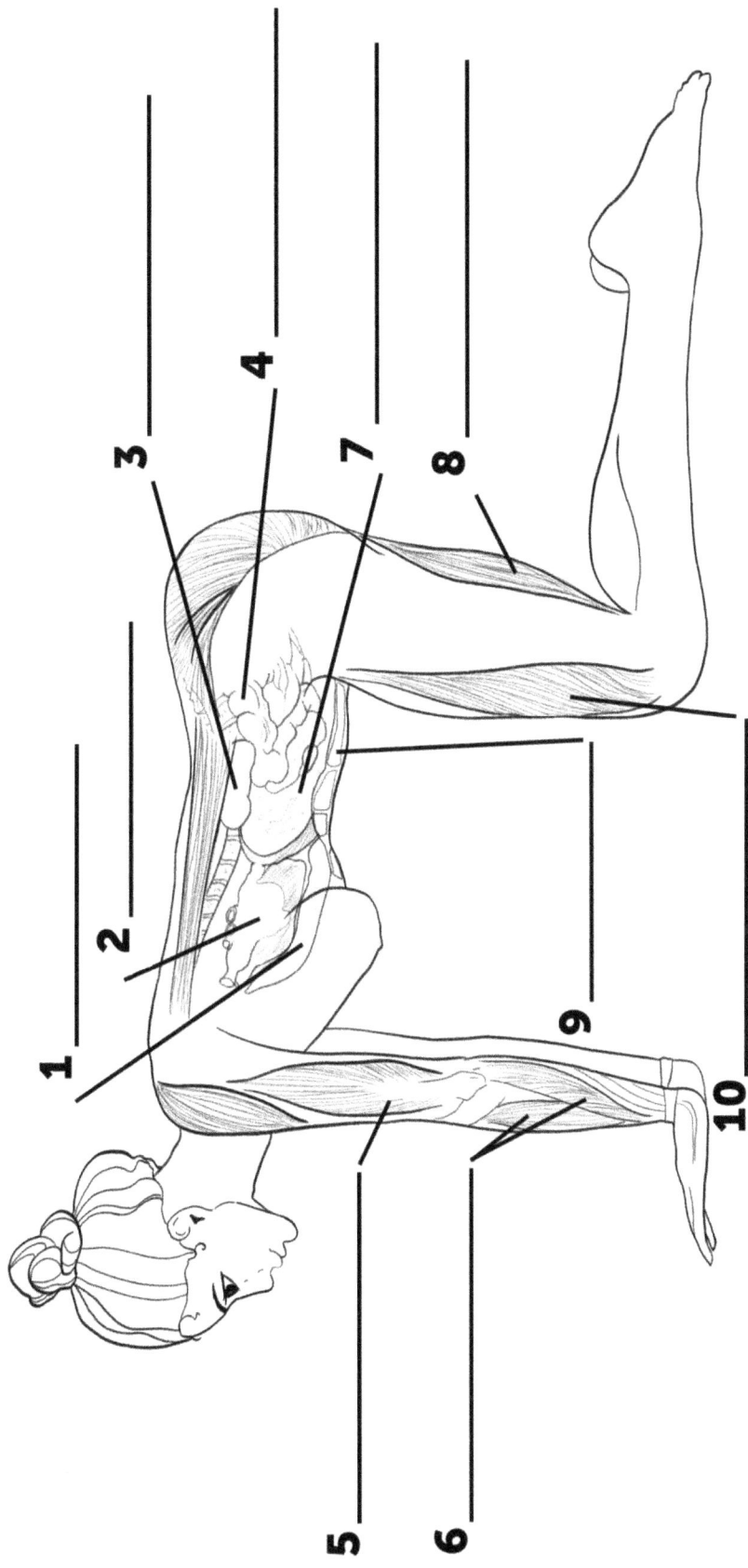

13. POSTURA DE LA MESA

1.   PULMONES

2.   CORAZÓN

3.   RIÑÓN

4.   COLON ASCENDENTE

5.   TRÍCEPS BRAQUIAL

6.   PRONADORES

7.   HÍGADO

8.   ISQUIOTIBIALES

9.   RECTO ABDOMINAL

10. CUADRÍCEPS

14. POSTURA DEL GATO

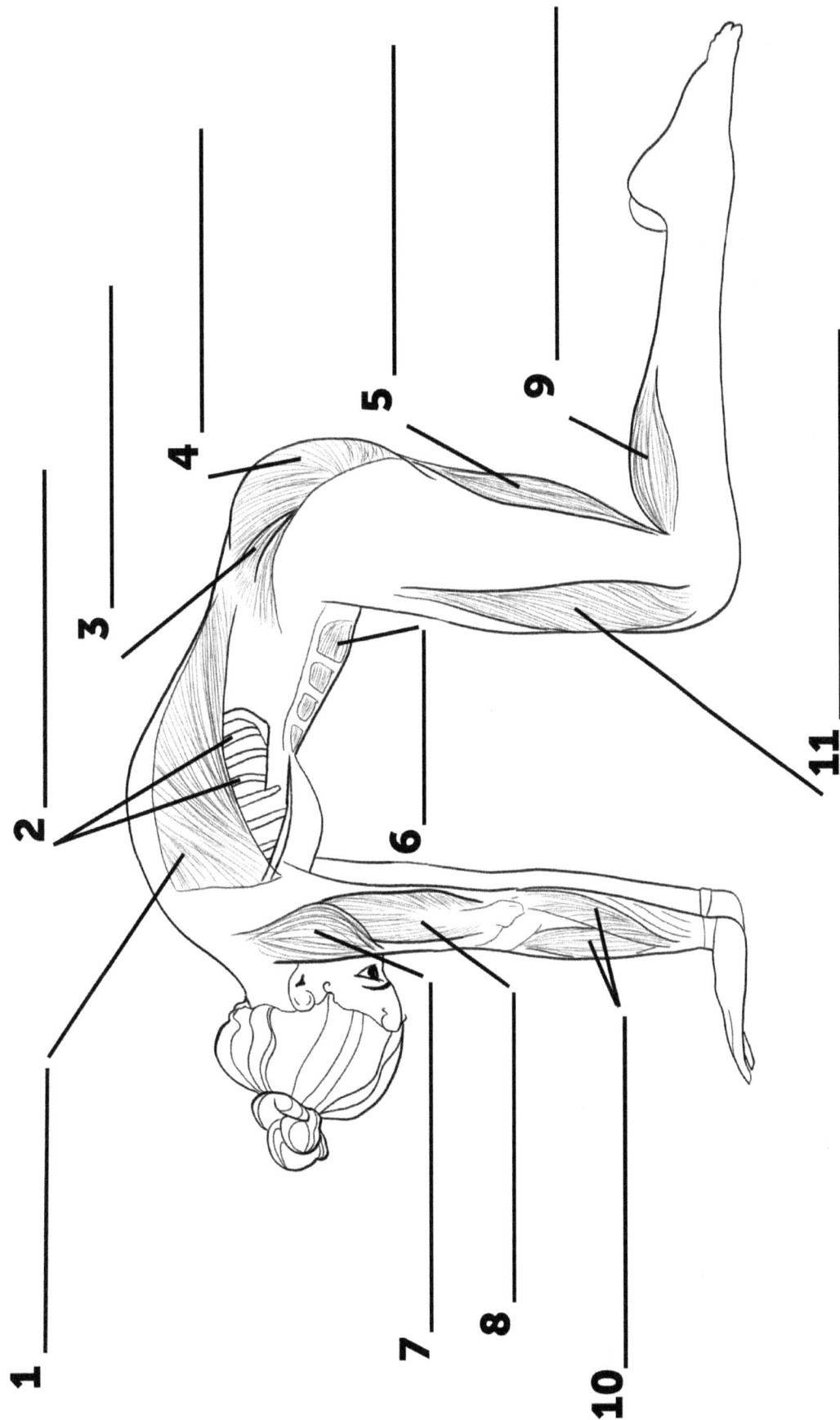

14. POSTURA DEL GATO

1. LATISSIMUS DORSI
2. COSTILLAS
3. PIRIFORME
4. MÚSCULO GLÚTEO MAYOR
5. ISQUIOTIBIALES
6. RECTO ABDOMINAL
7. DELTOIDES
8. TRÍCEPS BRAQUIAL
9. GASTROCNEMIO
10. PRONADORES
11. CUADRÍCEPS

15. POSTURA DE LA VACA

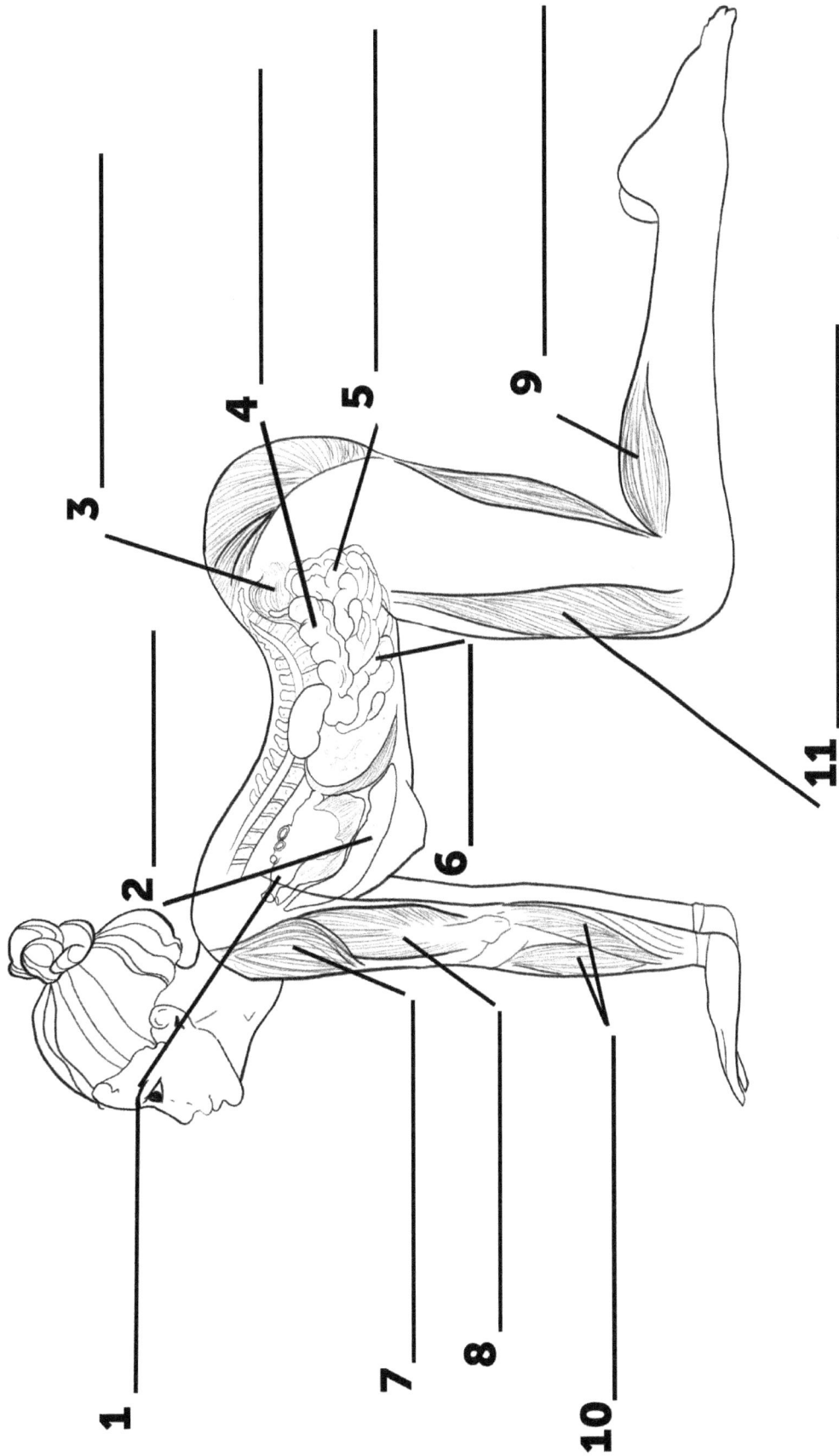

15. POSTURA DE LA VACA

1. CORAZÓN
2. PULMONES
3. RECTO
4. COLON ASCENDENTE
5. FOLICULOS DE INTESTINO DELGADO
6. COLON TRANSVERSO
7. DELTOIDES
8. TRÍCEPS BRAQUIAL
9. GASTROCNEMIO
10. PRONADORES
11. CUADRÍCEPS

16. POSTURA DE LA MESA DE EQUILIBRIO

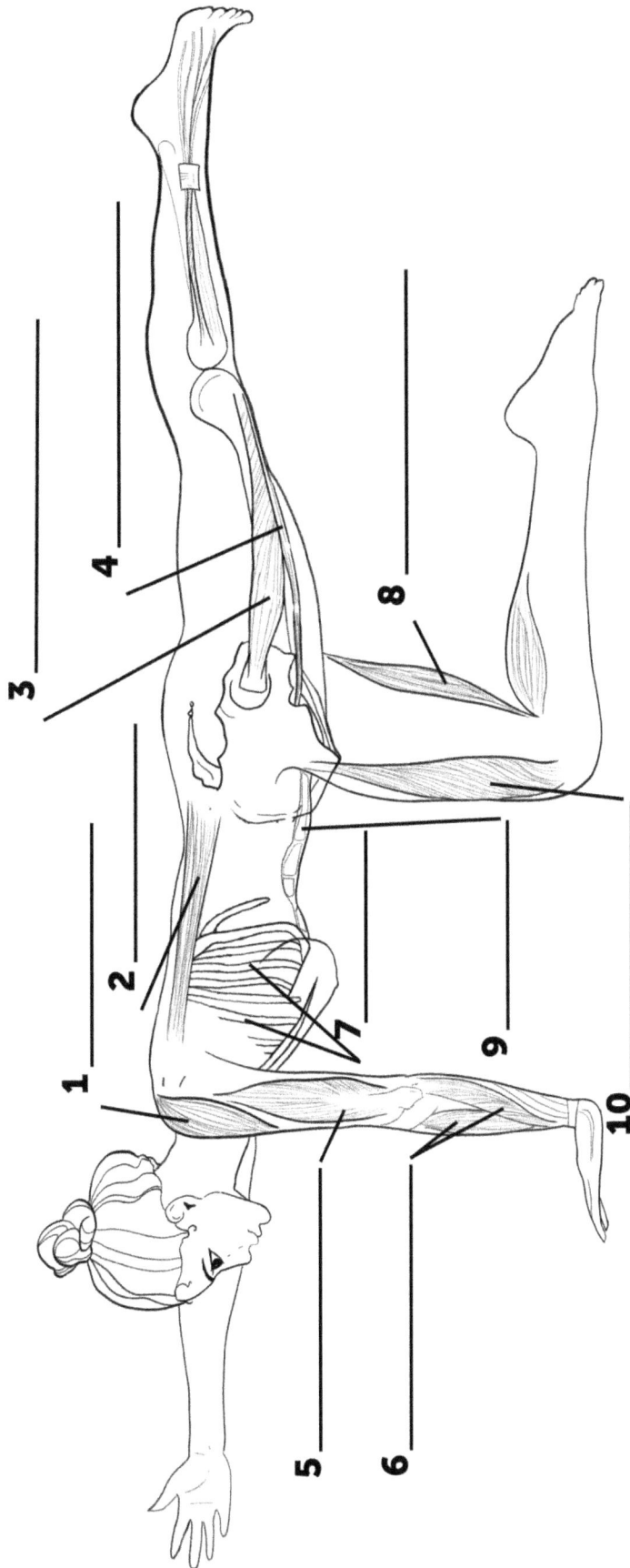

16. POSTURA DE LA MESA DE EQUILIBRIO

1.   DELTOIDES

2.   ERECTOR DE LA COLUMNA

3.   RECTO FEMORAL

4.   SARTORIO

5.   TRÍCEPS BRAQUIAL

6.   PRONADORES

7.   COSTILLAS

8.   ISQUIOTIBIALES

9.   RECTO ABDOMINAL

10. CUADRÍCEPS

17. ARDHA PURVOTTANASANA

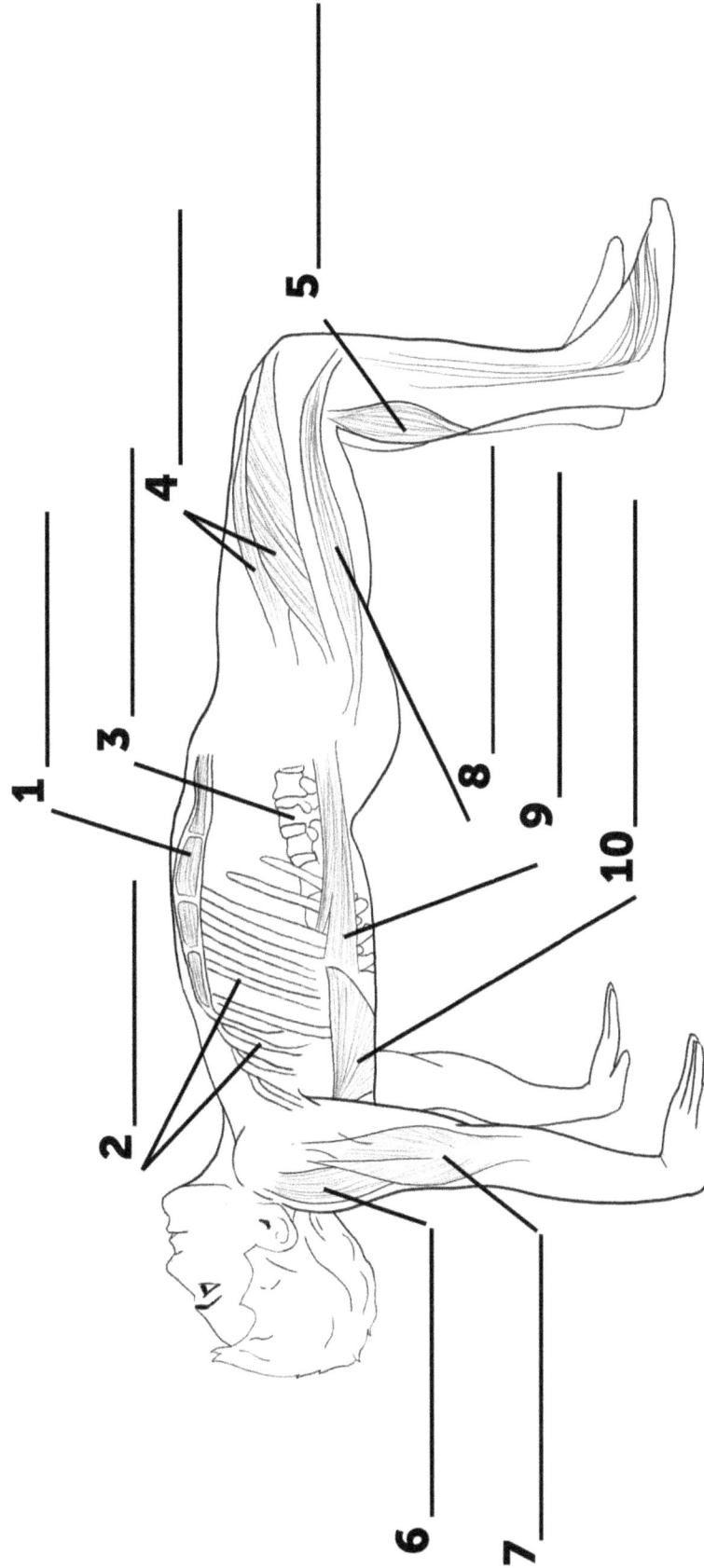

17. ARDHA PURVOTTANASANA

1. RECTO ABDOMINAL

2. COSTILLAS

3. COLUMNA VERTEBRAL

4. CUADRÍCEPS

5. GASTROCNEMIO

6. DELTOIDES

7. TRÍCEPS BRAQUIAL

8. ISQUIOTIBIALES

9. ERECTOR DE LA COLUMNA

10. INFRAESPINOSO

18. POSTURA DE LA ESFINGE

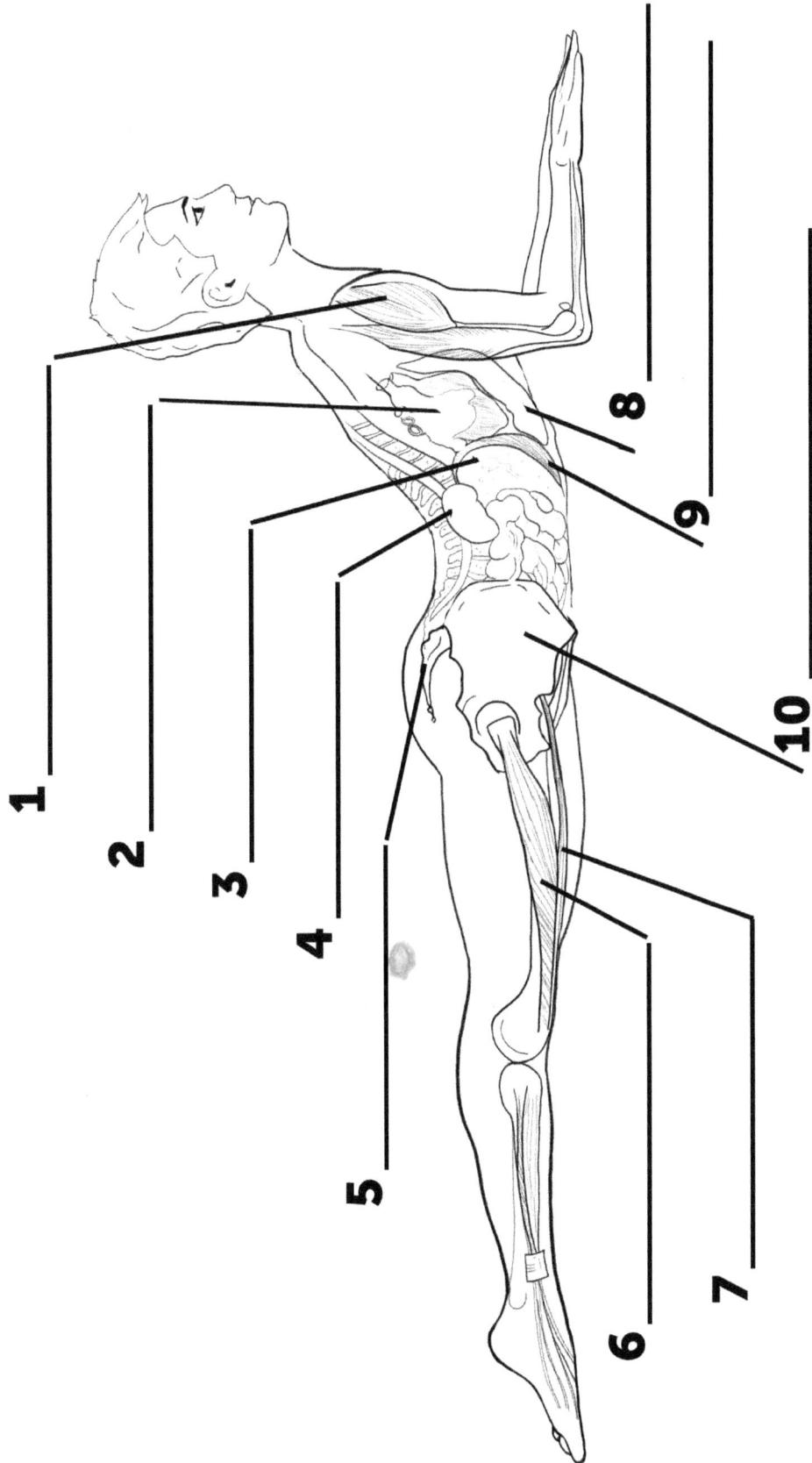

1

2

3

4

5

6

7

8

9

10

18. POSTURA DE LA ESFINGE

1. DELTOIDES
2. CORAZÓN
3. HÍGADO
4. RIÑÓN
5. SACRO
6. RECTO FEMORAL
7. SARTORIO
8. PULMONES
9. DIAFRAGMA
10. PELVIS

19. POSTURA DE LA COBRA

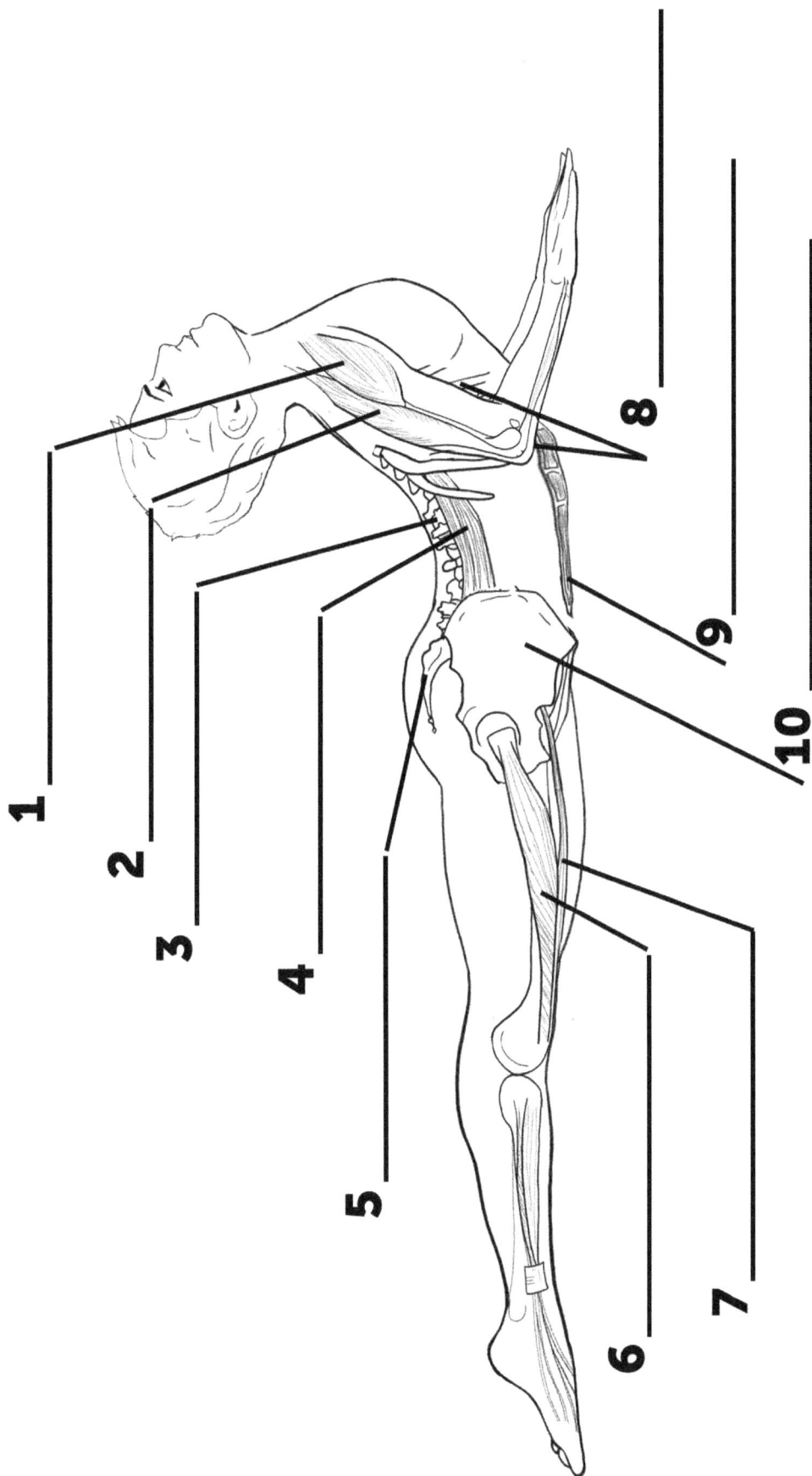

1

2

3

4

5

6

7

8

9

10

19. POSTURA DE LA COBRA

1. DELTOIDES
2. TRÍCEPS BRAQUIAL
3. COLUMNA VERTEBRAL
4. ERECTOR DE LA COLUMNA
5. SACRO
6. RECTO FEMORAL
7. SARTORIO
8. COSTILLAS
9. RECTO ABDOMINAL
10. PELVIS

20. PADANGUSTHASANA

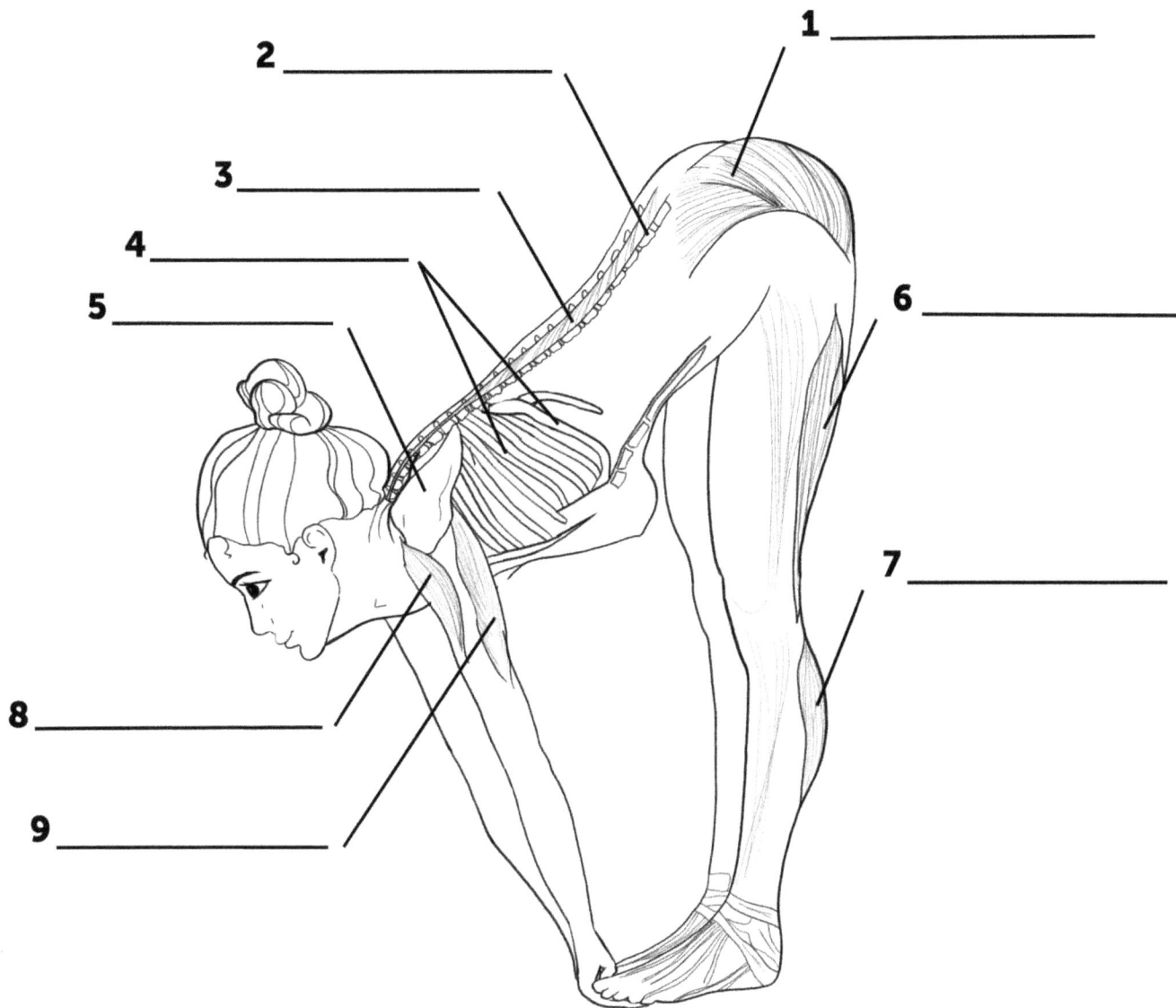

1 _____

2 _____

3 _____

4 _____

5 _____

6 _____

7 _____

8 _____

9 _____

20. PADANGUSTHASANA

1. PIRIFORME
2. COLUMNA VERTEBRAL
3. MÚSCULOS ESPINALES
4. COSTILLAS
5. ESCÁPULA
6. ISQUIOTIBIALES
7. GASTROCNEMIO
8. DELTOIDES
9. TRÍCEPS BRAQUIAL

21. POSTURA DEL NIÑO

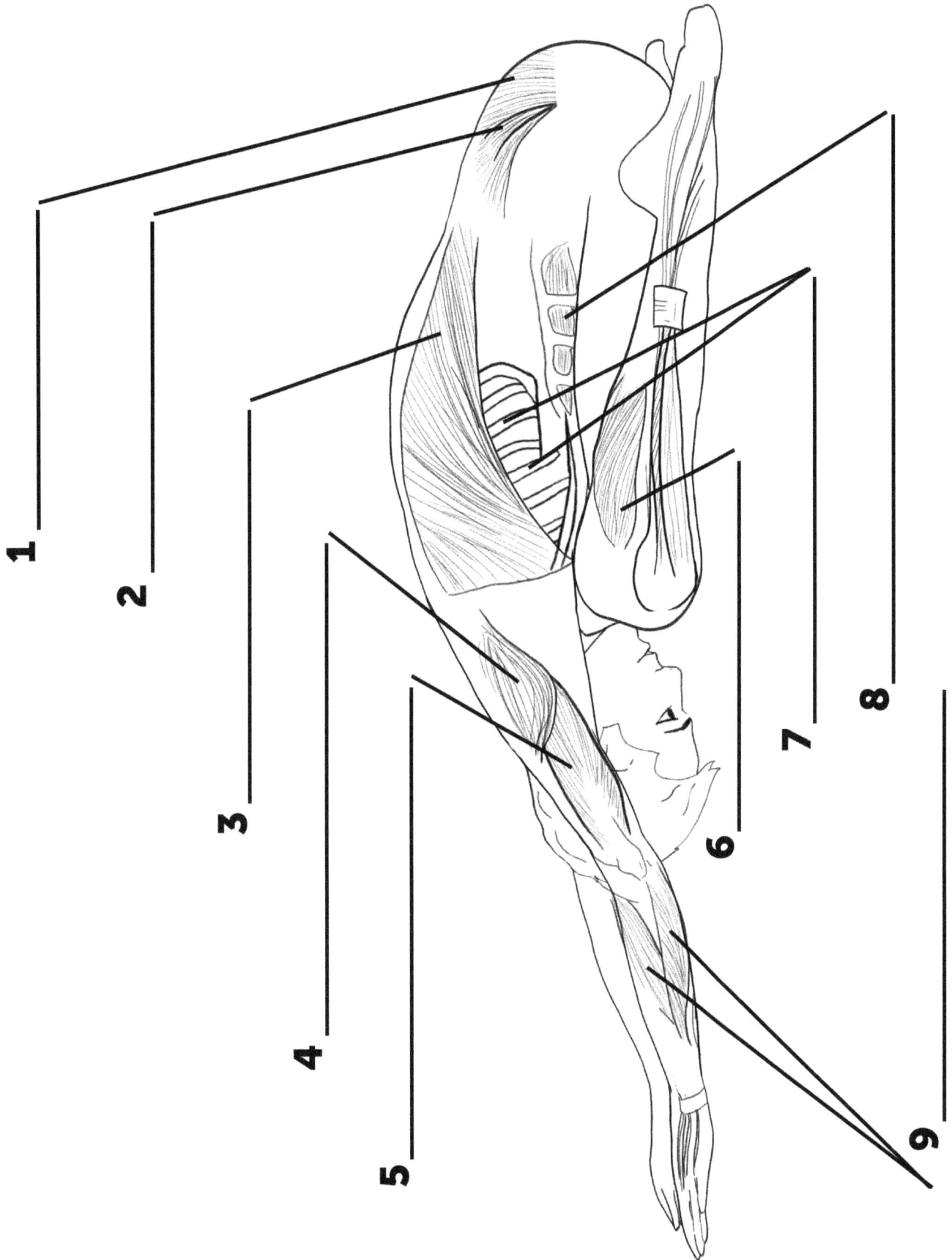

1

2

3

4

5

6

7

8

9

21. POSTURA DEL NIÑO

1.   MÚSCULO GLÚTEO MAYOR

2.   PIRIFORME

3.   LATISSIMUS DORSI

4.   DELTOIDES

5.   TRÍCEPS BRAQUIAL

6.   GASTROCNEMIO

7.   COSTILLAS

8.   RECTO ABDOMINAL

9.   PRONADORES

22. POSTURA DO BARCO

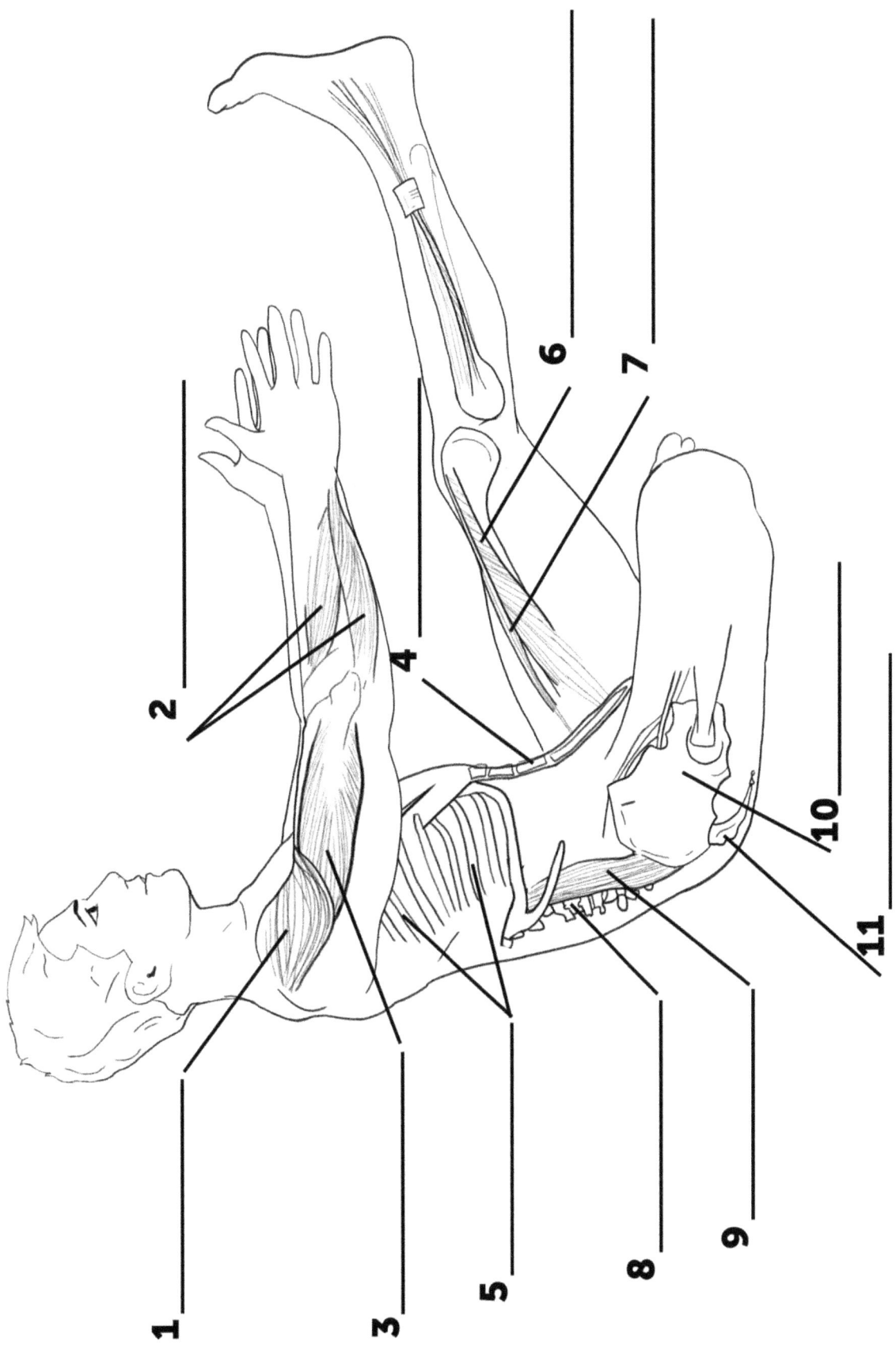

22. POSTURA DO BARCO

1. DELTOIDES

2. PRONADORES

3. TRÍCEPS BRAQUIAL

4. RECTO ABDOMINAL

5. COSTILLAS

6. RECTO FEMORAL

7. SARTORIO

8. COLUMNA VERTEBRAL

9. ERECTOR DE LA COLUMNA

10. PELVIS

11. SACRO

23. POSTURA DEL DELFÍN

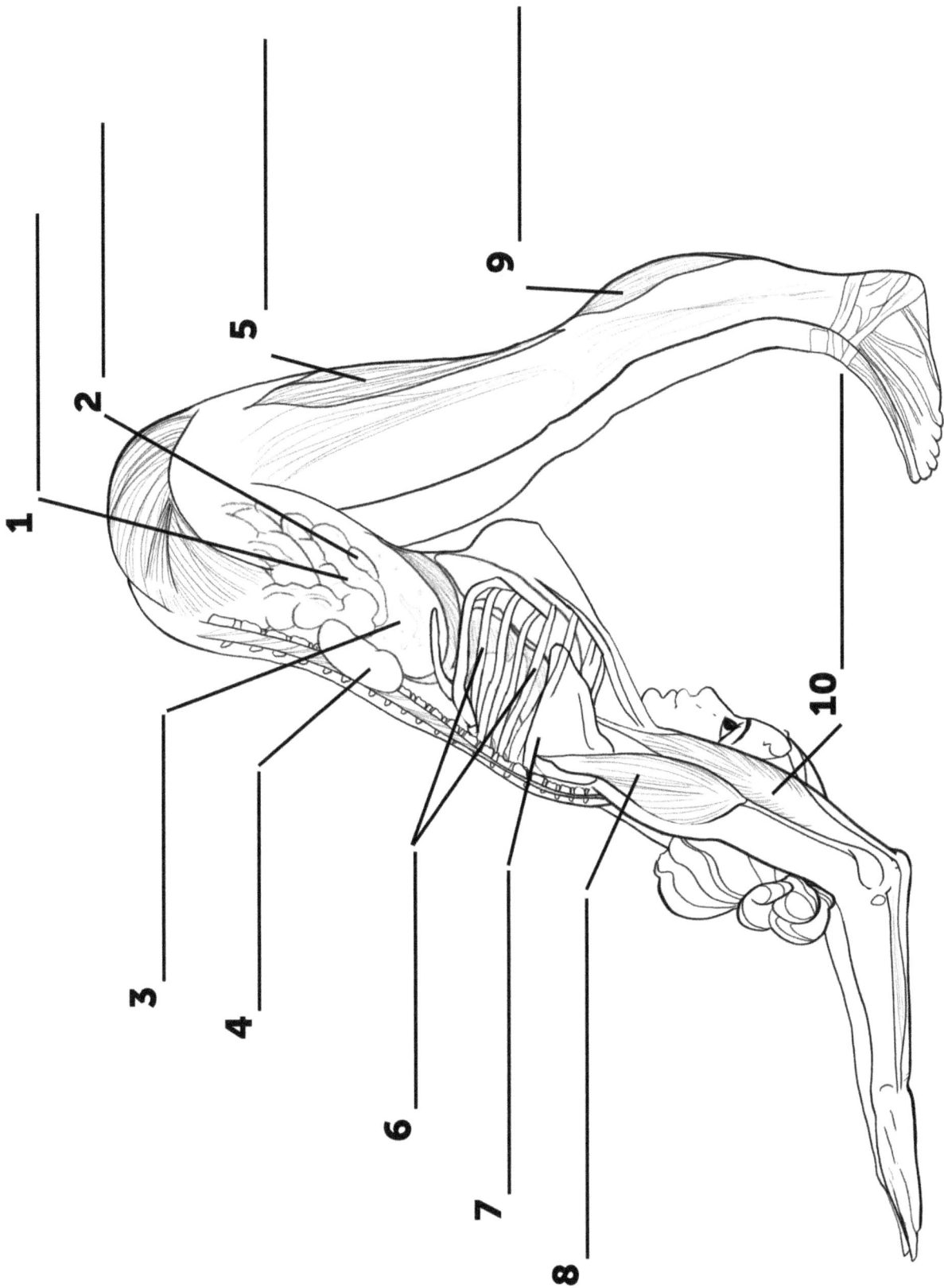

23. POSTURA DEL DELFÍN

1.   ESTÓMAGO
2.   VESÍCULA BILIAR
3.   HÍGADO
4.   RIÑÓN
5.   ISQUIOTIBIALES
6.   COSTILLAS
7.   ESCÁPULA
8.   DELTOIDES
9.   GASTROCNEMIO
10. TRÍCEPS BRAQUIAL

24. POSTURA DEL PUENTE

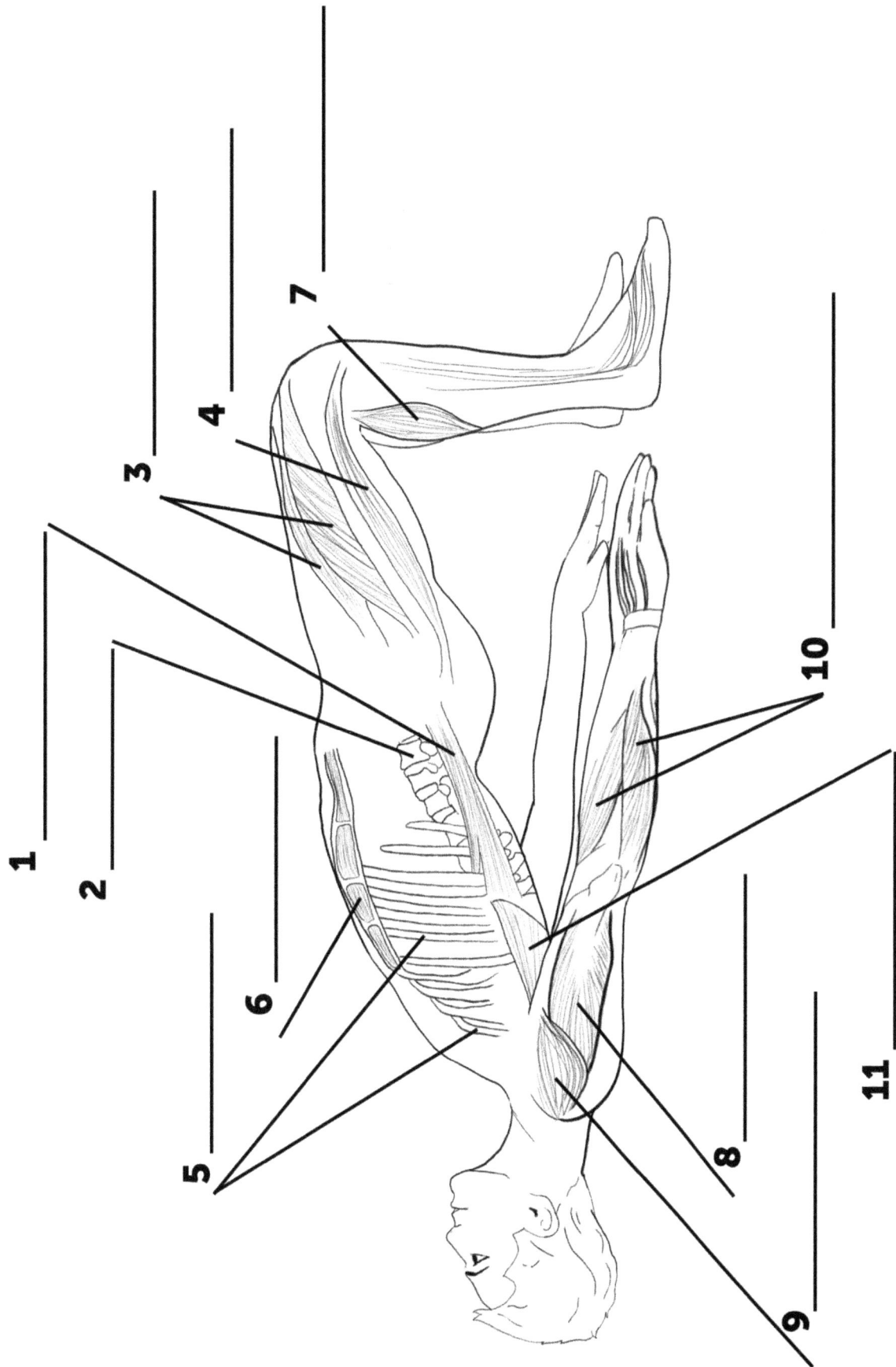

1

2

3

4

5

6

7

8

9

10

11

24. POSTURA DEL PUENTE

1. ERECTOR DE LA COLUMNA
2. COLUMNA VERTEBRAL
3. CUADRÍCEPS
4. ISQUIOTIBIALES
5. COSTILLAS
6. RECTO ABDOMINAL
7. GASTROCNEMIO
8. TRÍCEPS BRAQUIAL
9. DELTOIDES
10. PRONADORES
11. INFRAESPINOSO

25. POSTURA DE LA GUIRNALDA

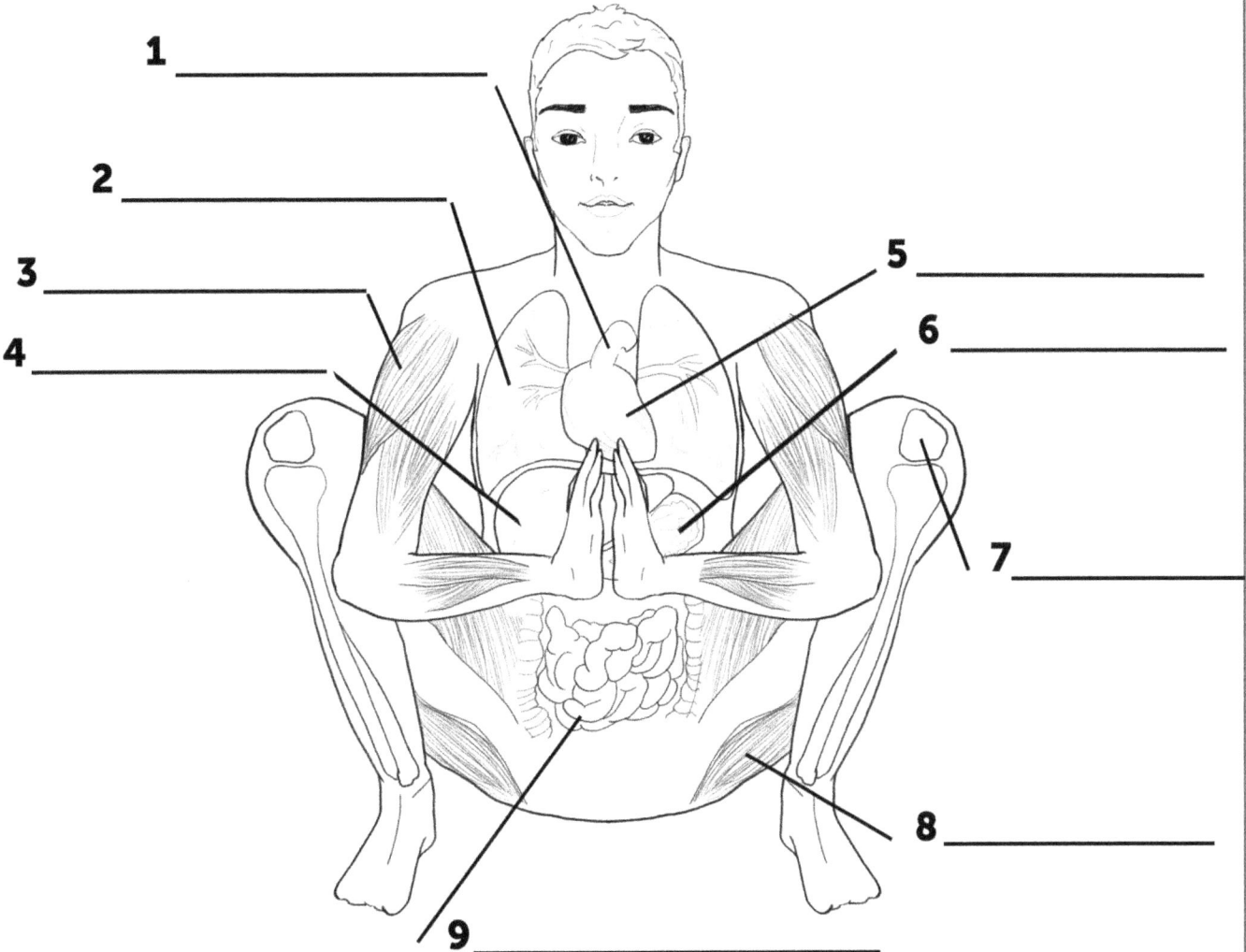

1 _____

2 _____

3 _____

4 _____

5 _____

6 _____

7 _____

8 _____

9 _____

25. POSTURA DE LA GUIRNALDA

1. AORTA

2. PULMONES

3. TRÍCEPS BRAQUIAL

4. HÍGADO

5. CORAZÓN

6. ESTÓMAGO

7. RÓTULA

8. ISQUIOTIBIALES

9. FOLICULOS DE INTESTINO DELGADO

26. POSTURA DEL PERRO

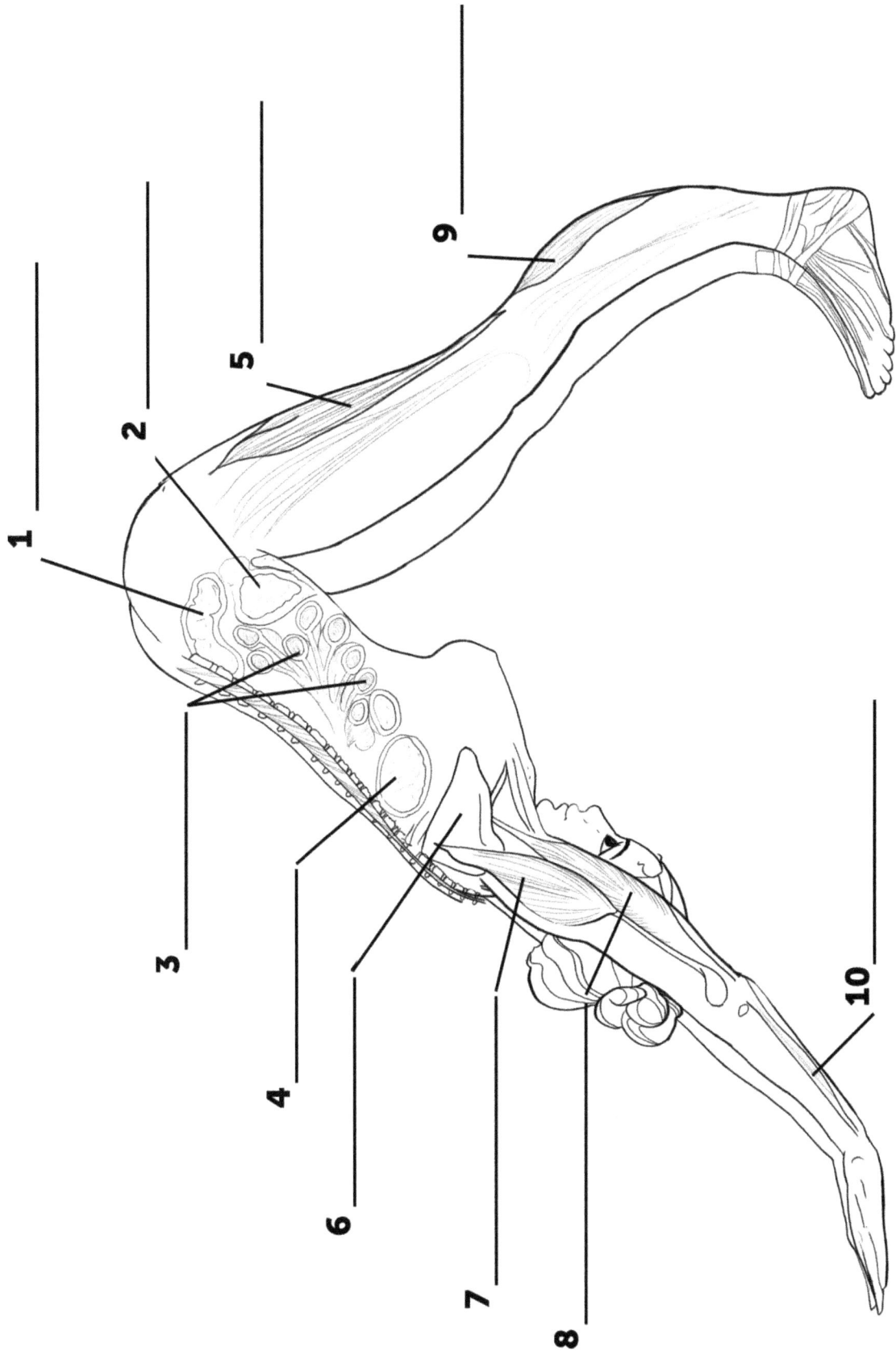

26. POSTURA DEL PERRO

1.   RECTO

2.   VEJIGA URINARIA

3.   INTESTINO DELGADO

4.   ESTÓMAGO

5.   ISQUIOTIBIALES

6.   ESCÁPULA

7.   DELTOIDES

8.   TRÍCEPS BRAQUIAL

9.   GASTROCNEMIO

10. PRONADORES

27. POSTURA DEL TABLÓN

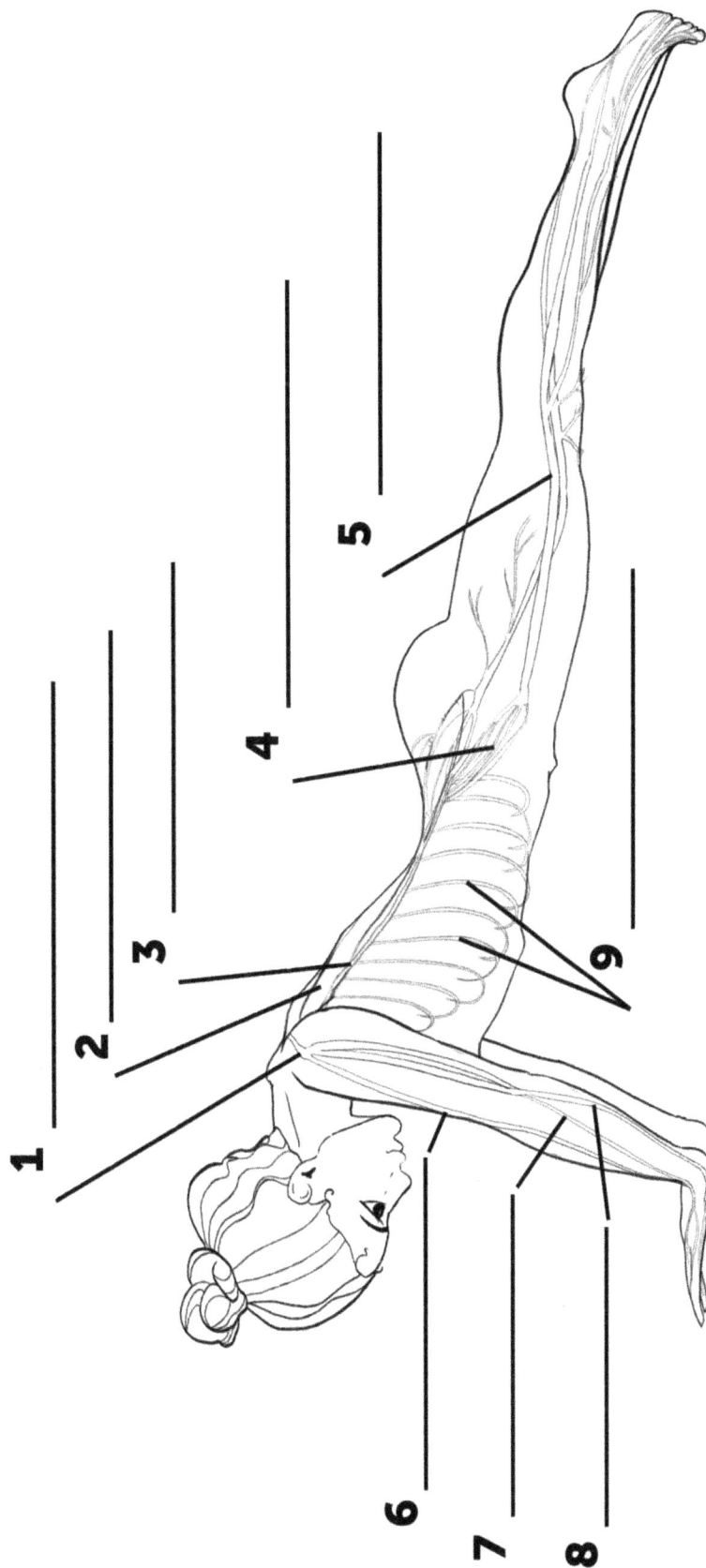

1

2

3

4

5

6

7

8

9

27. POSTURA DEL TABLÓN

1. PLEXO BRAQUIAL

2. MÉDULA ESPINAL

3. NERVIO VAGO

4. PLEXO LUMBAR

5. CIÁTICO

6. ULNAR

7. MEDIANA

8. RADIAL

9. INTERCOSTALES

28. CHATURANGA

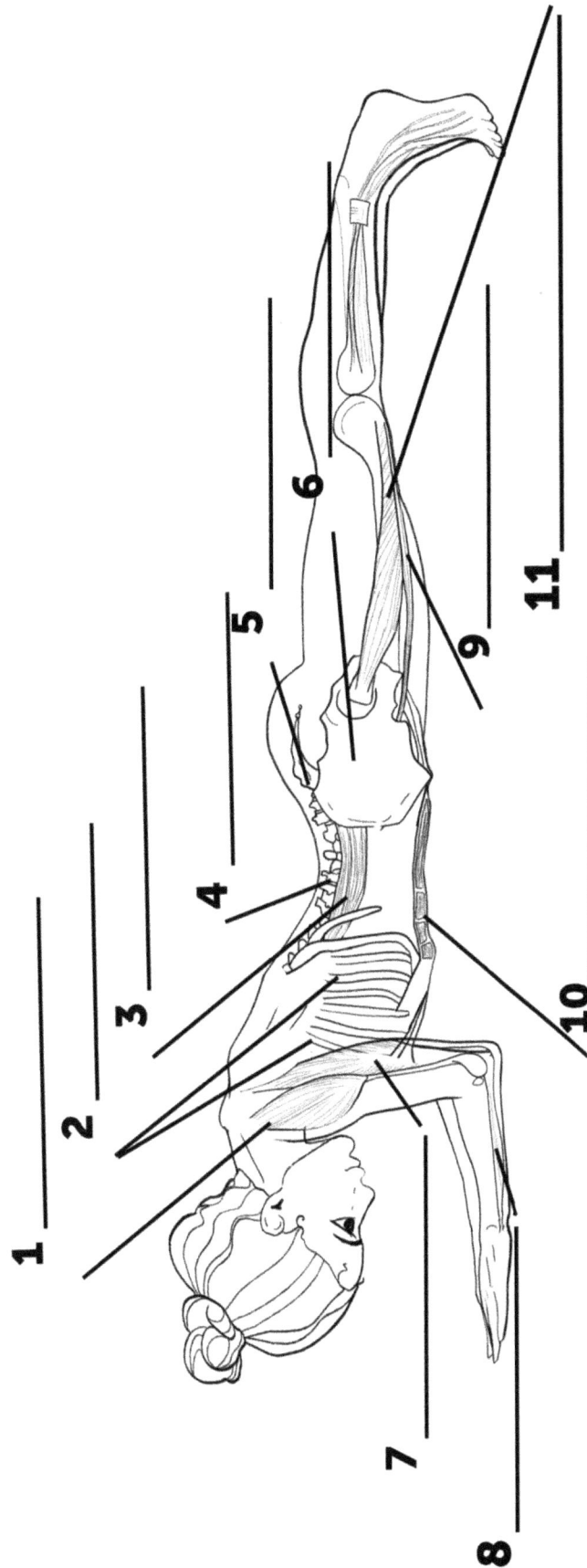

1

2

3

4

5

6

7

8

9

10

11

28. CHATURANGA

1. DELTOIDES
2. COSTILLAS
3. ERECTOR DE LA COLUMNA
4. COLUMNA VERTEBRAL
5. SACRO
6. PELVIS
7. TRÍCEPS BRAQUIAL
8. PRONADORES
9. SARTORIO
10. RECTO ABDOMINAL
11. RECTO FEMORAL

29. KAPOTASANA

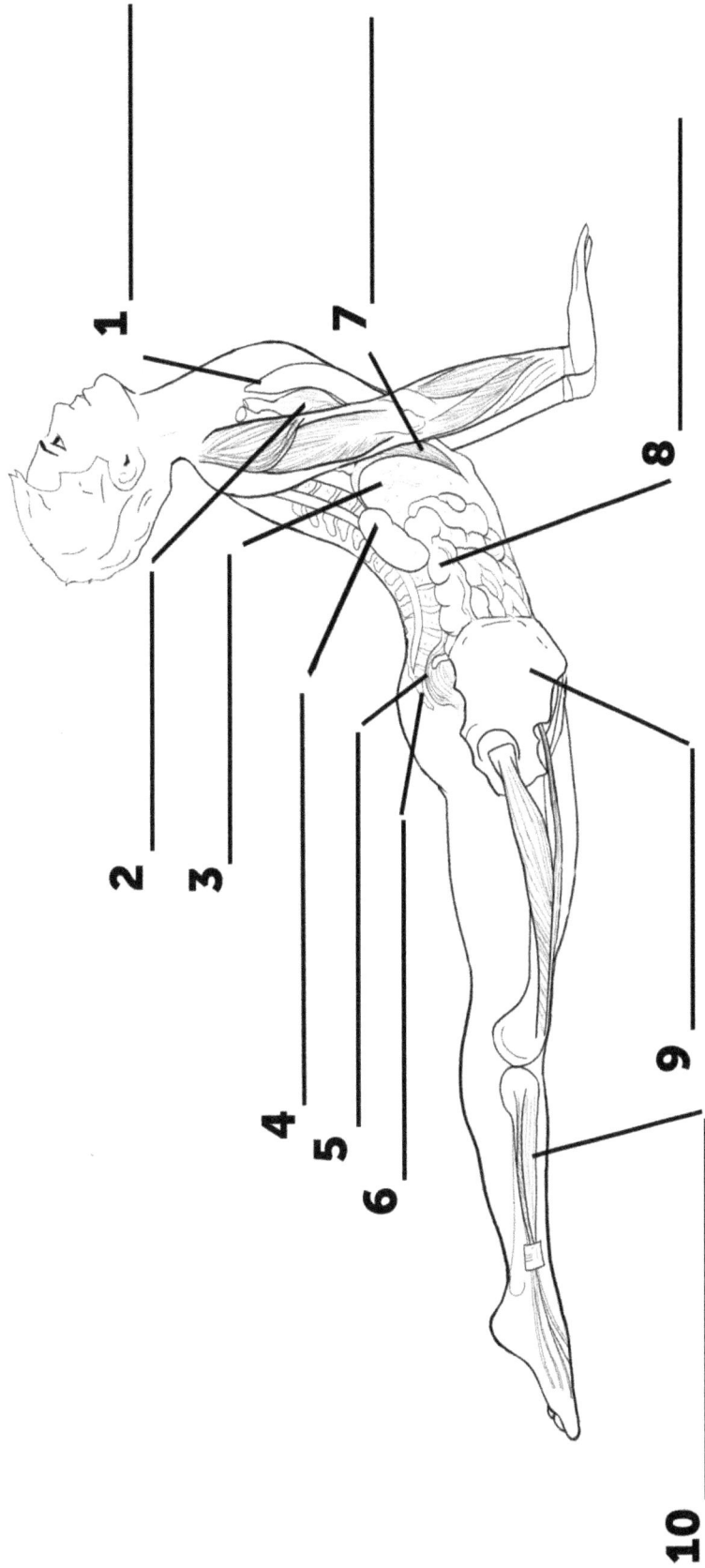

1

7

2

3

4

5

6

8

9

10

29. KAPOTASANA

1. PULMONES

2. CORAZÓN

3. HÍGADO

4. RIÑÓN

5. RECTO

6. SACRO

7. DIAFRAGMA

8. COLON ASCENDENTE

9. PELVIS

10. TIBIAL ANTERIOR

30. PAVANAMUKTASANA.

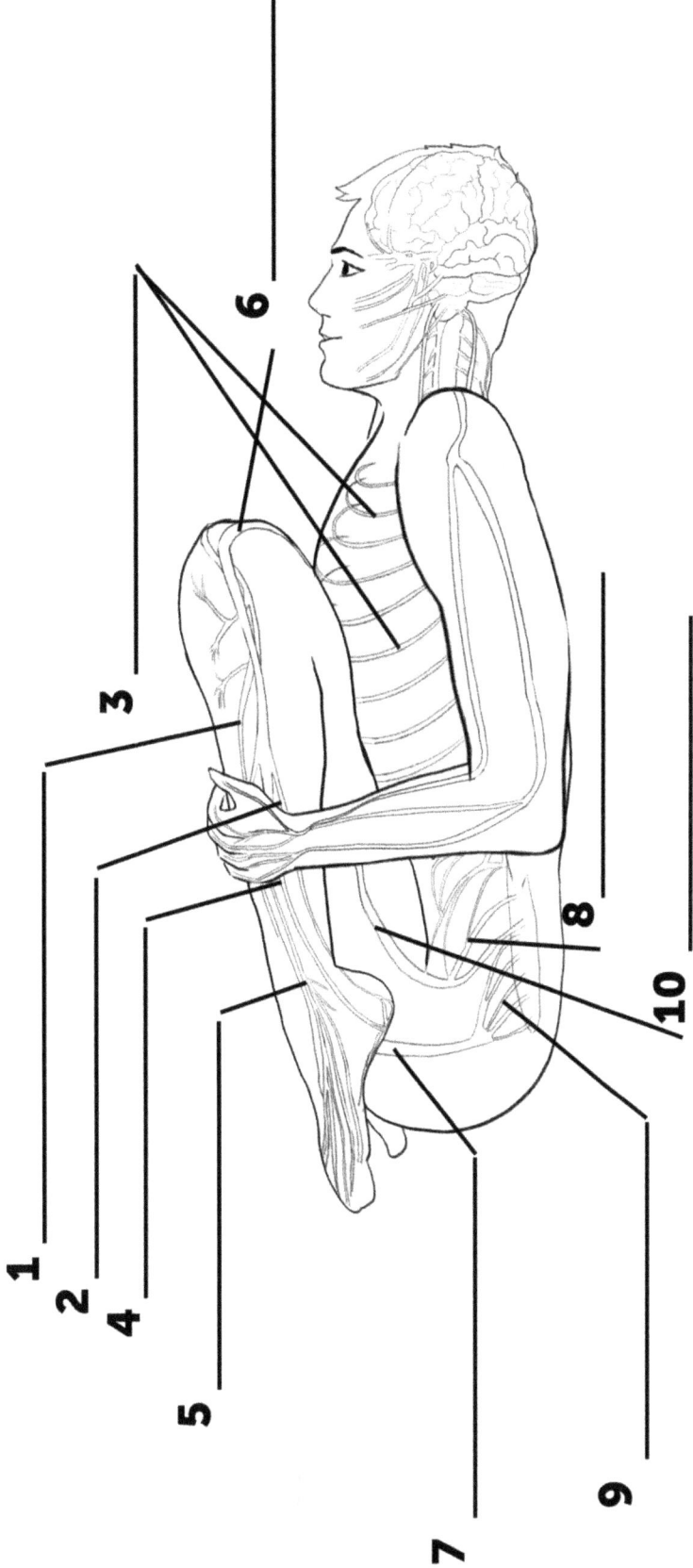

30. PAVANAMUKTASANA.

1.   SAFENA

2.   PERONEO COMÚN

3.   INTERCOSTALES

4.   TIBIAL

5.   PERONEO SUPERFICIAL

6.   CIÁTICA

7.   CIÁTICA

8.   PLEXO LUMBAR

9.   PLEXO SACRO

10. FEMORAL

31. UTTANPADASANA

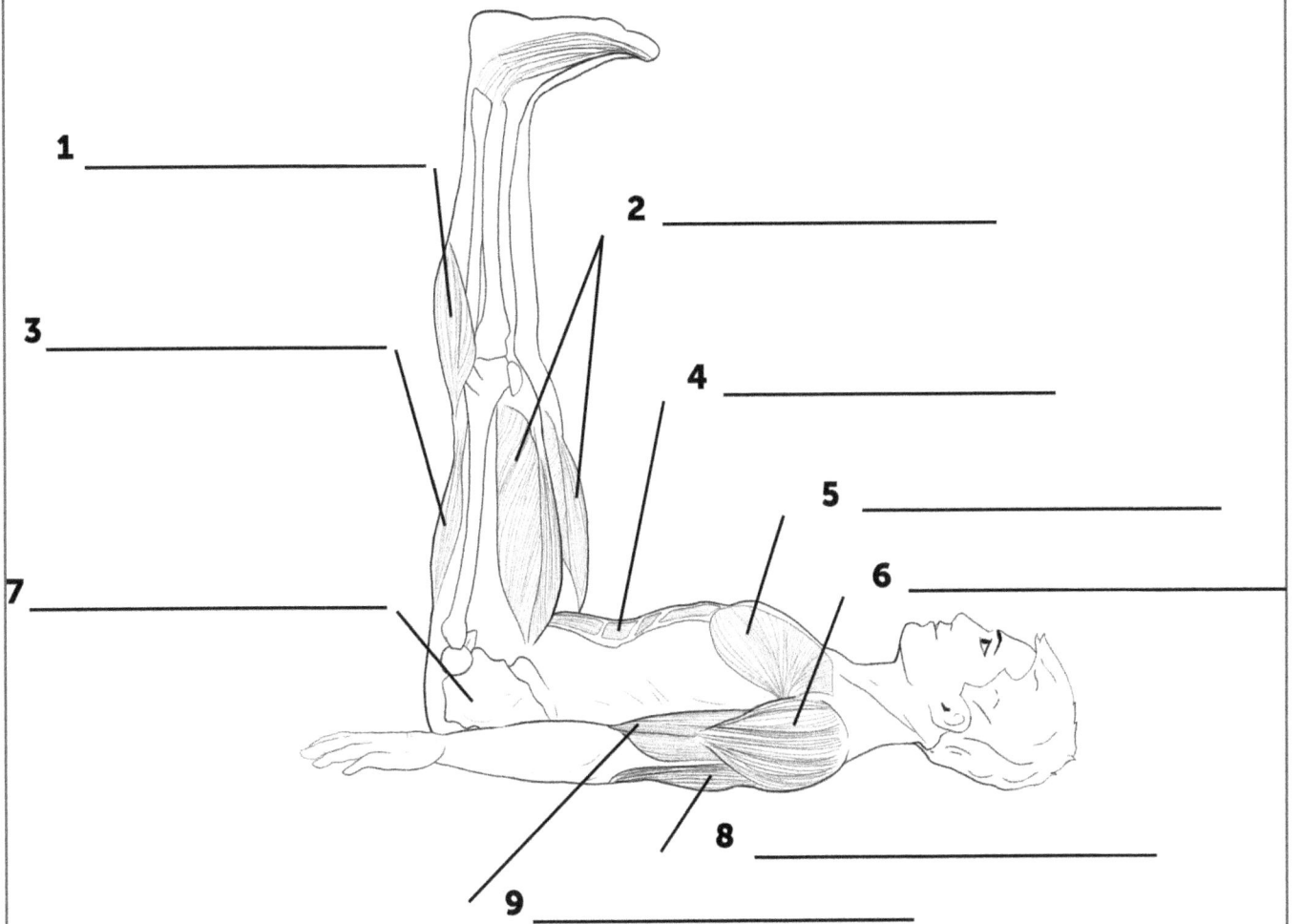

1 _____

2 _____

3 _____

4 _____

5 _____

6 _____

7 _____

8 _____

9 _____

31. UTTANPADASANA

1. GASTROCNEMIO
2. CUADRÍCEPS
3. ISQUIOTIBIALES
4. RECTO ABDOMINAL
5. PECTORAL MAYOR
6. DELTOIDES
7. PELVIS
8. TRÍCEPS BRAQUIAL
9. BÍCEPS BRAQUIAL

32. SHAVASANA

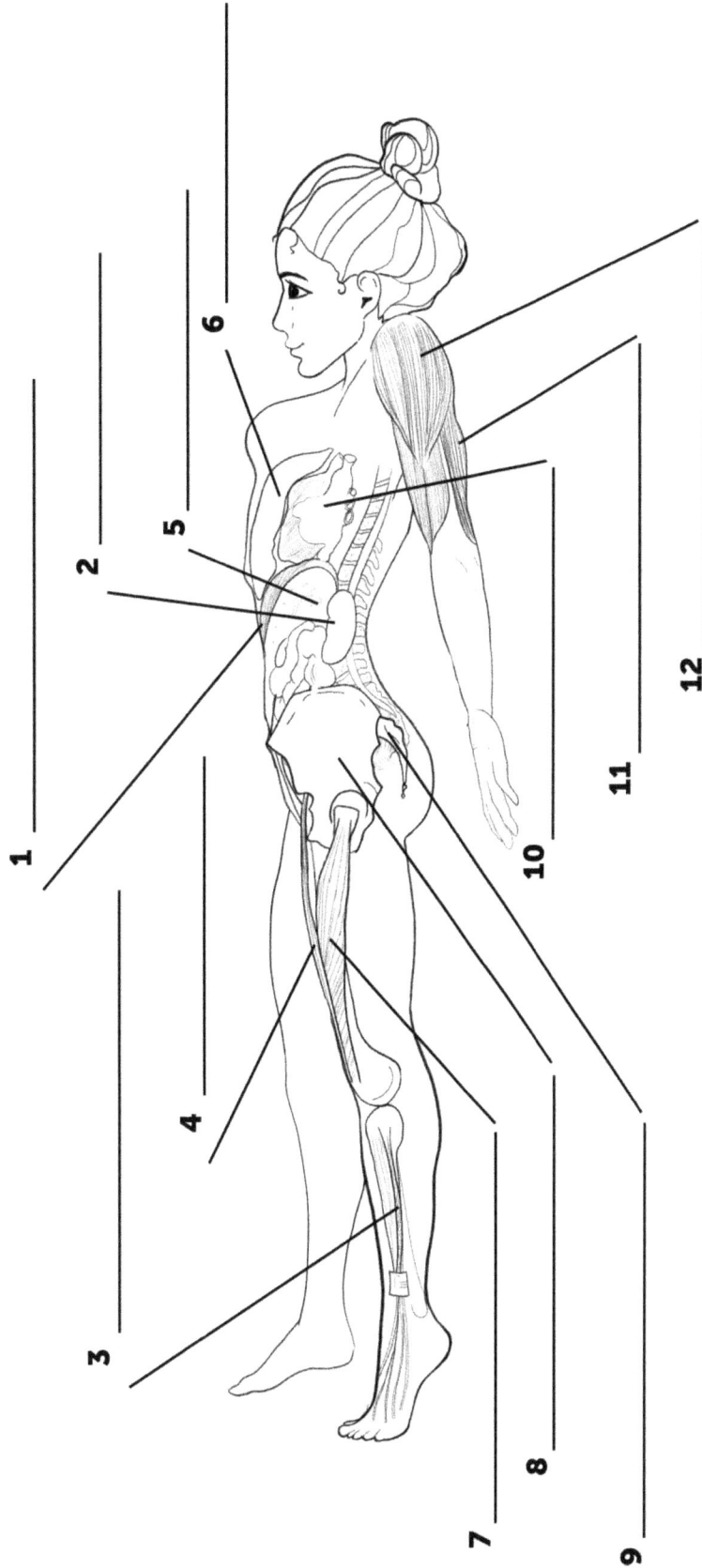

32. SHAVASANA

1. DIAFRAGMA
2. RIÑÓN
3. TIBIAL ANTERIOR
4. SARTORIO
5. HÍGADO
6. PULMONES
7. RECTO FEMORAL
8. PELVIS
9. SACRO
10. CORAZÓN
11. TRÍCEPS BRAQUIAL
12. DELTOIDES

33. HASTA UTTANASANA

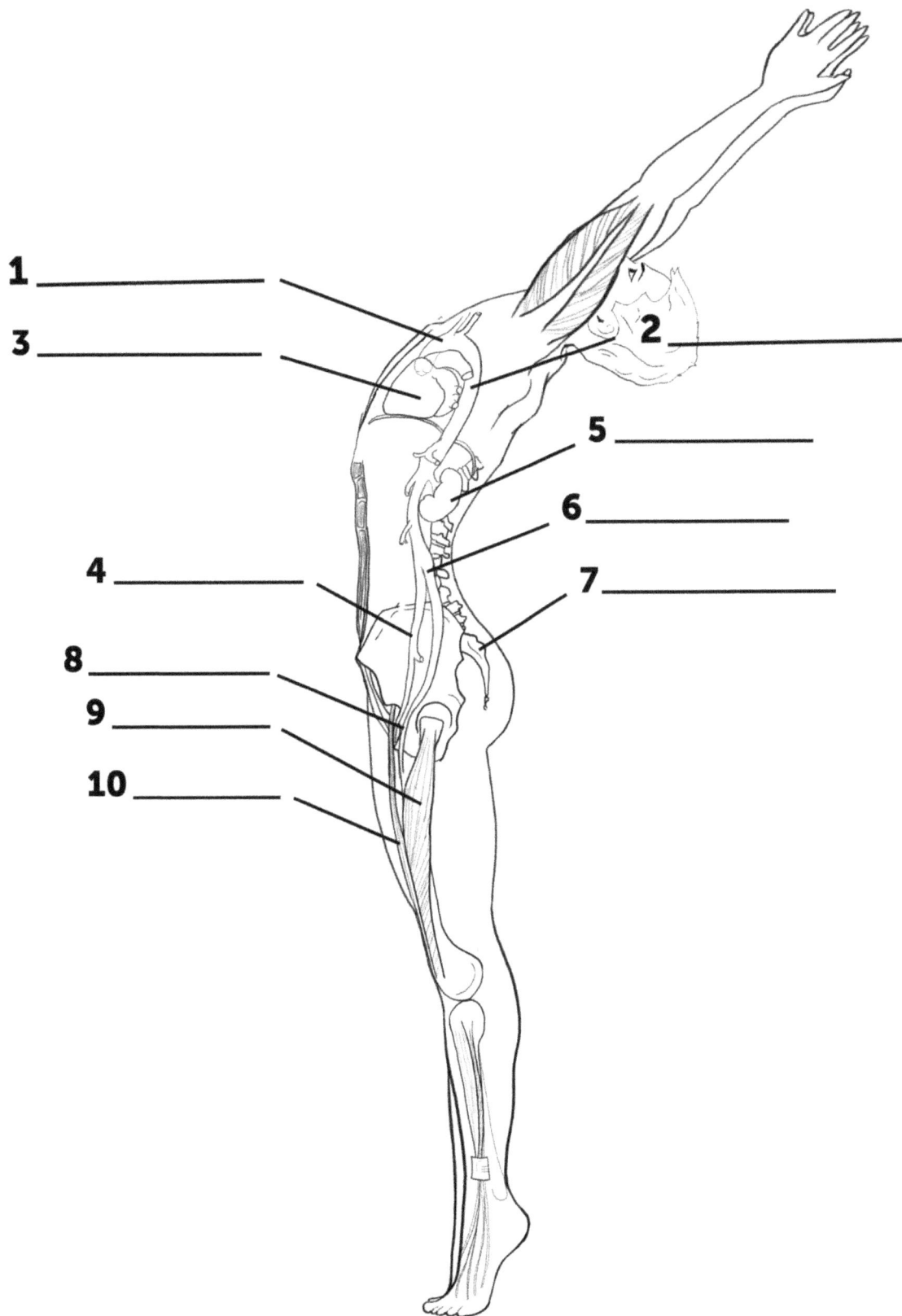

1 _____

3 _____

2 _____

5 _____

6 _____

4 _____

7 _____

8 _____

9 _____

10 _____

33. HASTA UTTANASANA

1. AORTA TORÁCICA ASCENDENTE
2. AORTA TORÁCICA DESCENDENTE
3. CORAZÓN
4. ARTERIA ILIACA COMÚN
5. RIÑÓN
6. AORTA ABDOMINAL
7. SACRO
8. ARTERIA FEMORAL
9. RECTO FEMORAL
10. SARTORIO

34. POSTURA DE LA RANA

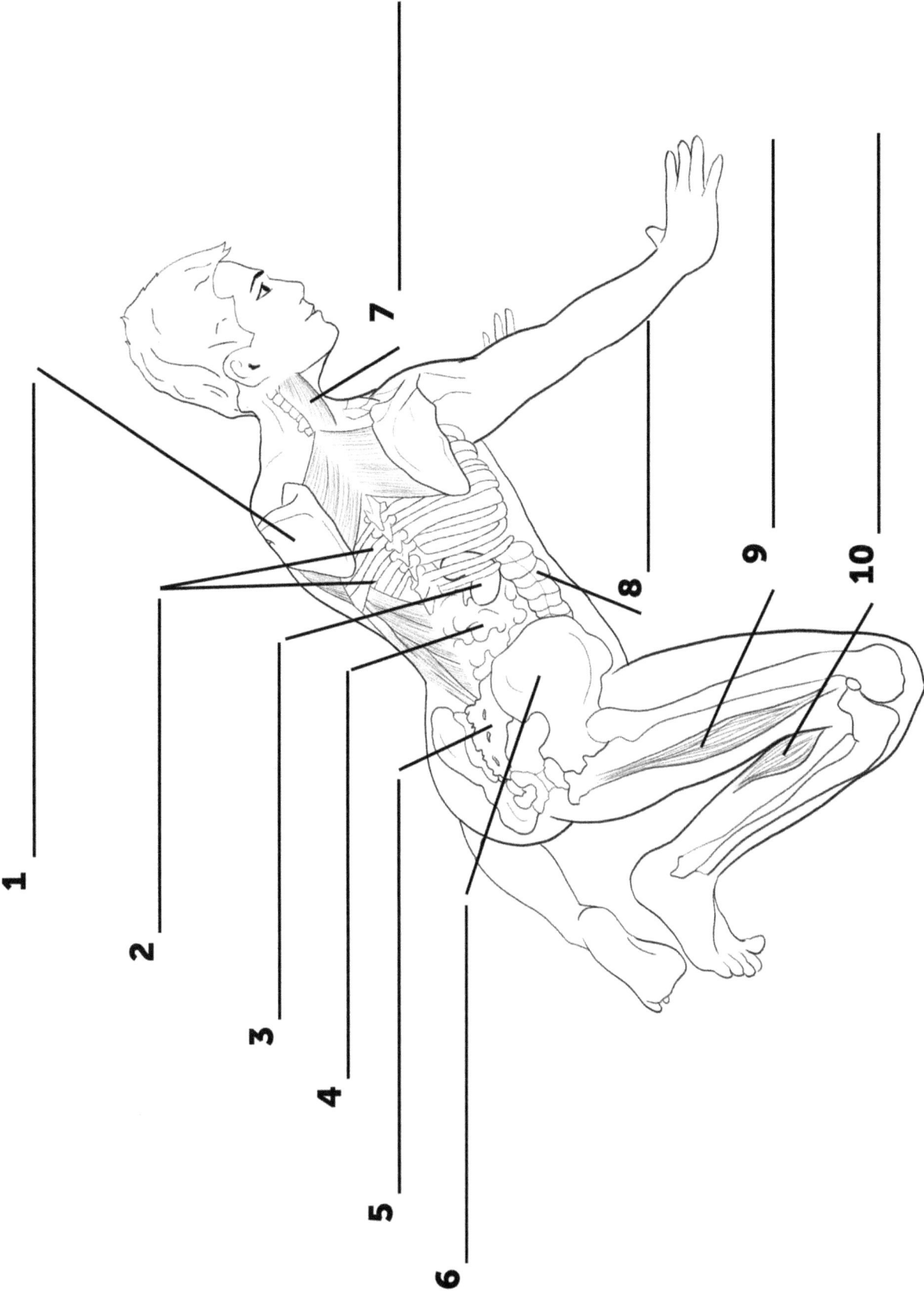

1

2

3

4

5

6

7

8

9

10

34. POSTURA DE LA RANA

1. ESCÁPULA

2. COSTILLAS

3. RIÑÓN

4. FOLICULOS DE INTESTINO DELGADO

5. SACRO

6. PELVIS

7. MÚSCULO ESPLENIO DE LA CABEZA

8. COLON ASCENDENTE

9. ISQUIOTIBIALES

10. GASTROCNEMIO

35. POSTURA DE MEDIO LOTO

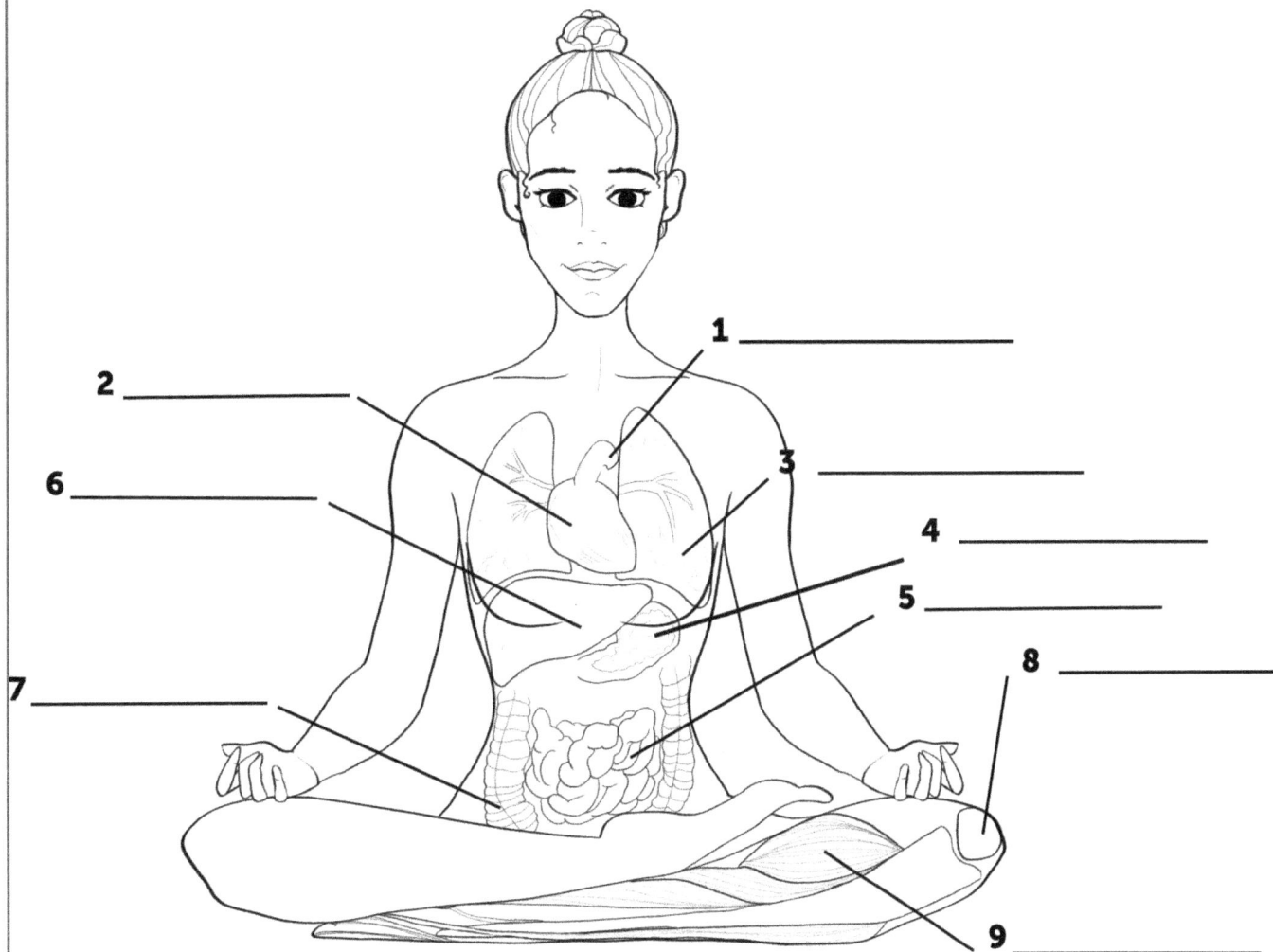

1 _____

2 _____

3 _____

4 _____

5 _____

6 _____

7 _____

8 _____

9 _____

35. POSTURA DE MEDIO LOTO

1. AORTA

2. CORAZÓN

3. PULMONES

4. ESTÓMAGO

5. INTESTINO DELGADO

6. HÍGADO

7. INTESTINO GRUESO

8. RÓTULA

9. GASTROCNEMIO

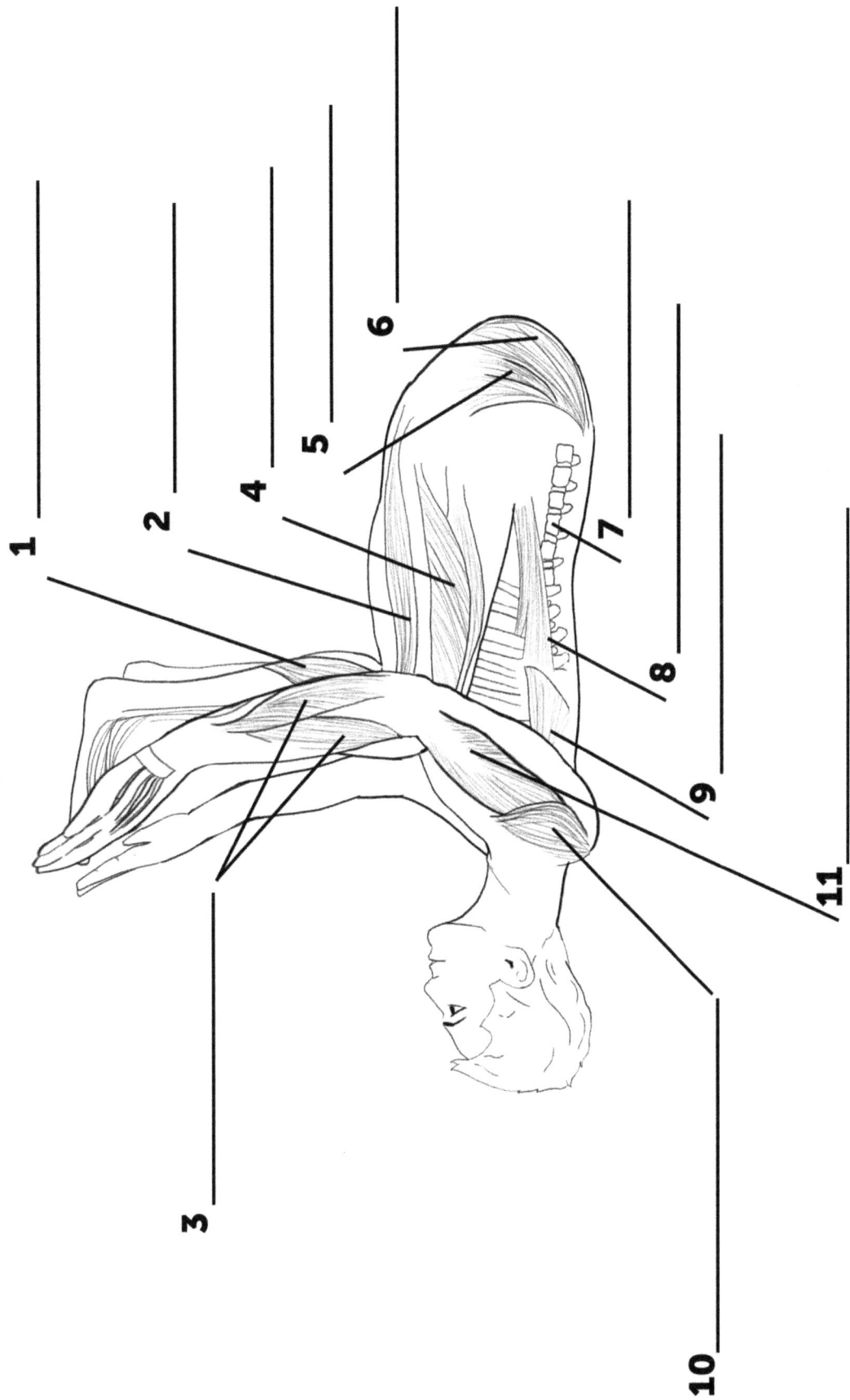

36. BEBÉ FELIZ

1

2

3

4

5

6

7

8

9

10

11

36. BEBÉ FELIZ

1. GASTROCNEMIO
2. ISQUIOTIBIALES
3. PRONADORES
4. CUADRÍCEPS
5. PIRIFORME
6. MÚSCULO GLÚTEO MAYOR
7. COLUMNA VERTEBRAL
8. ERECTOR DE LA COLUMNA
9. INFRAESPINOSO
10. DELTOIDES
11. TRÍCEPS BRAQUIAL

37. PIERNAS ARRIBA DE LA PARED

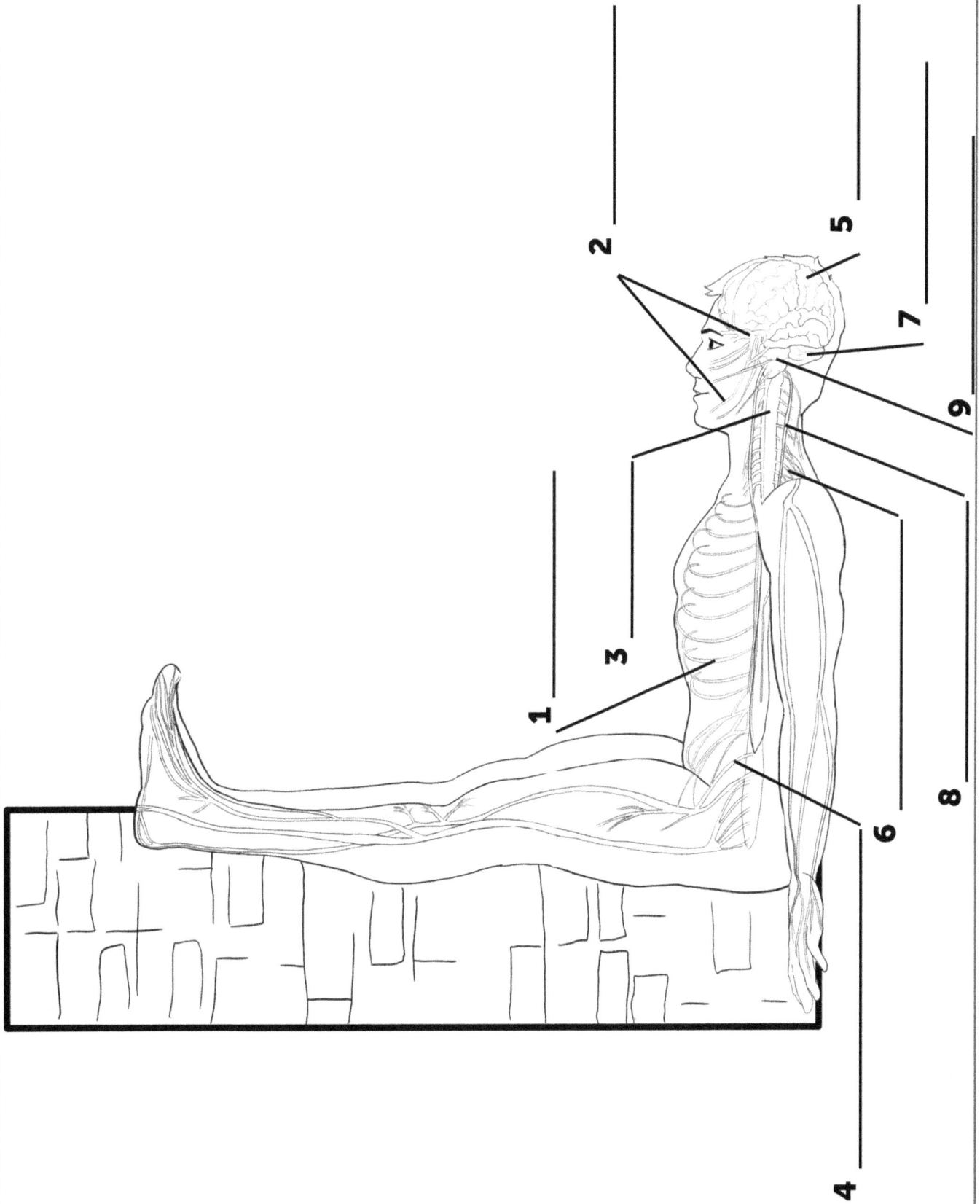

37. PIERNAS ARRIBA DE LA PARED

1. INTERCOSTALES

2. NERVIOS CRANEALES

3. MÉDULA ESPINAL

4. PLEXO LUMBAR

5. CEREBRO

6. PLEXO BRAQUIAL

7. CEREBELO

8. NERVIO VAGO

9. TRONCO ENCEFÁLICO

38. POSTURA KAPALBHATI

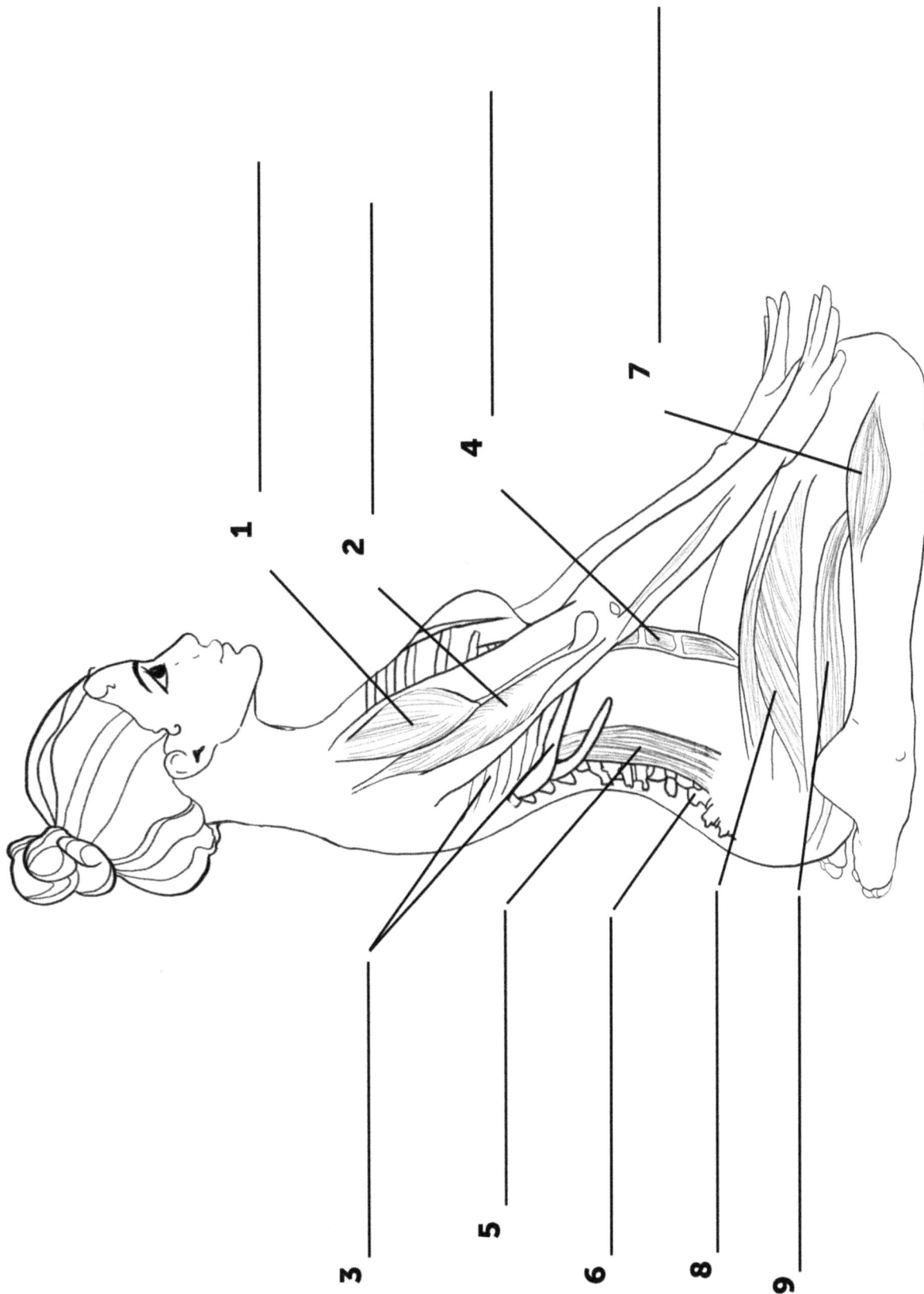

1

2

4

7

3

5

6

8

9

38. POSTURA KAPALBHATI

1. DELTOIDES
2. TRÍCEPS BRAQUIAL
3. COSTILLAS
4. RECTO ABDOMINAL
5. ERECTOR DE LA COLUMNA
6. COLUMNA VERTEBRAL
7. GASTROCNEMIO
8. CUADRÍCEPS
9. ISQUIOTIBIALES

39. POSE LOCUST

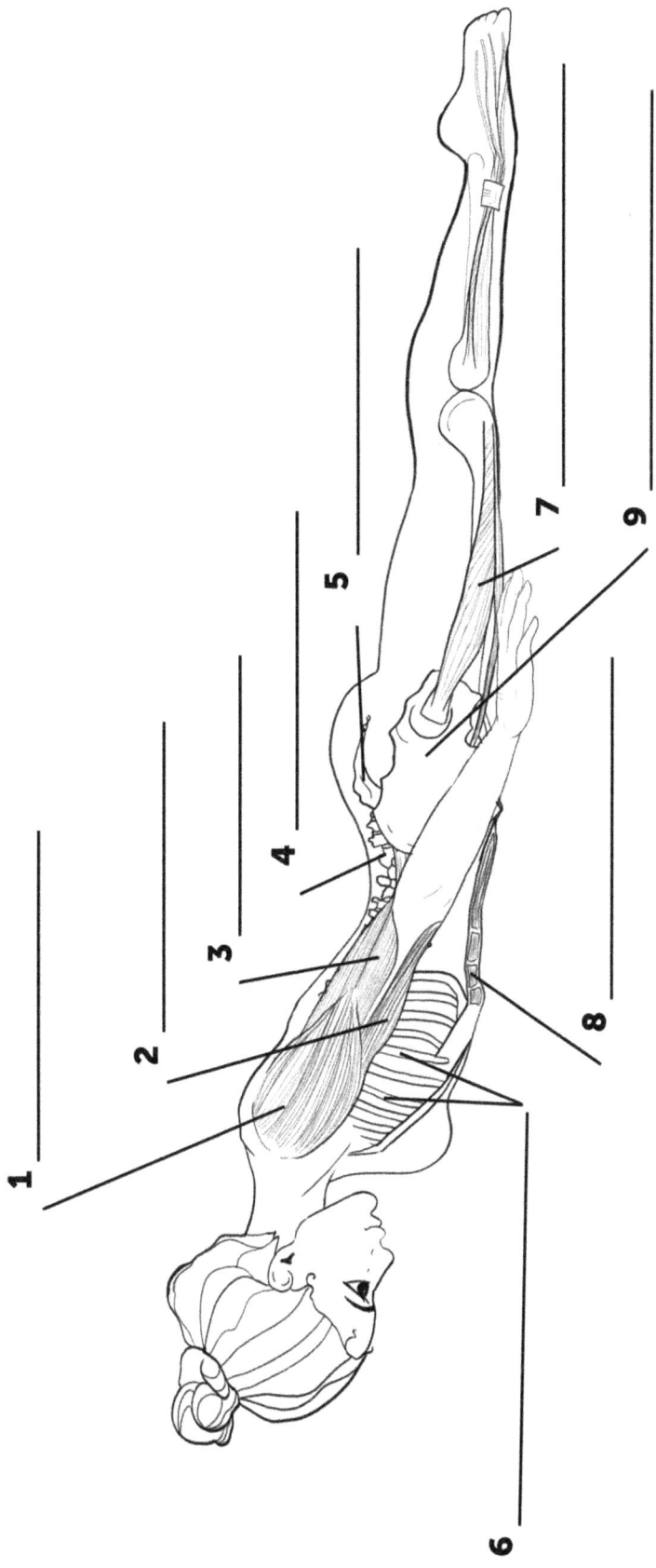

1

2

3

4

5

6

7

8

9

39. POSE LOCUST

1. DELTOIDES
2. BÍCEPS BRAQUIAL
3. TRÍCEPS BRAQUIAL
4. COLUMNA VERTEBRAL
5. SACRO
6. COSTILLAS
7. RECTO FEMORAL
8. RECTO ABDOMINAL
9. PELVIS

40. UTTANA SHISHOSANA

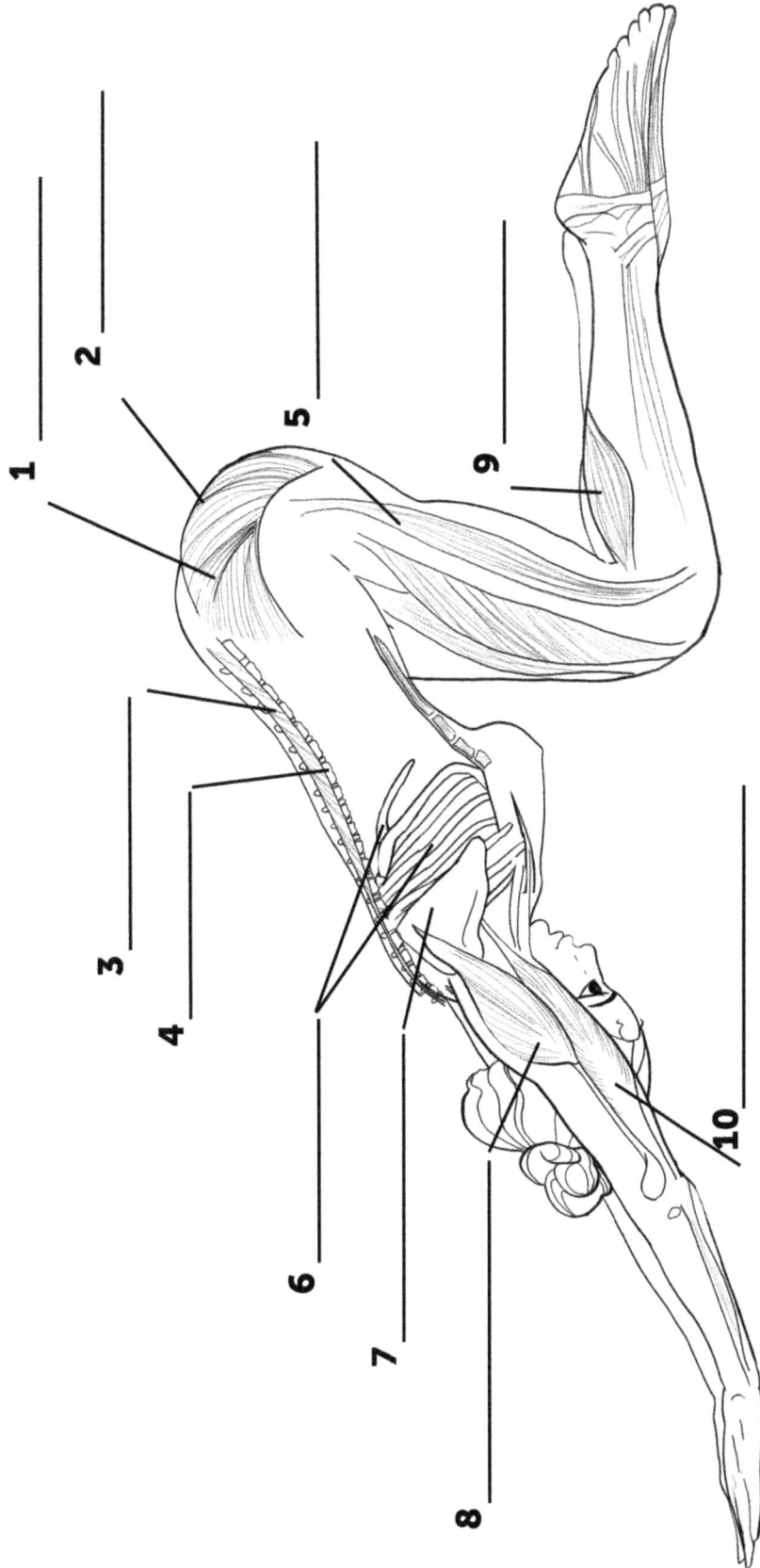

40. UTTANA SHISHOSANA

1. PIRIFORME
2. MÚSCULO GLÚTEO MAYOR
3. MÚSCULOS DE LA COLUMNA
4. COLUMNA VERTEBRAL
5. ISQUIOTIBIALES
6. COSTILLAS
7. ESCÁPULA
8. DELTOIDES
9. GASTROCNEMIO
10. TRÍCEPS BRAQUIAL

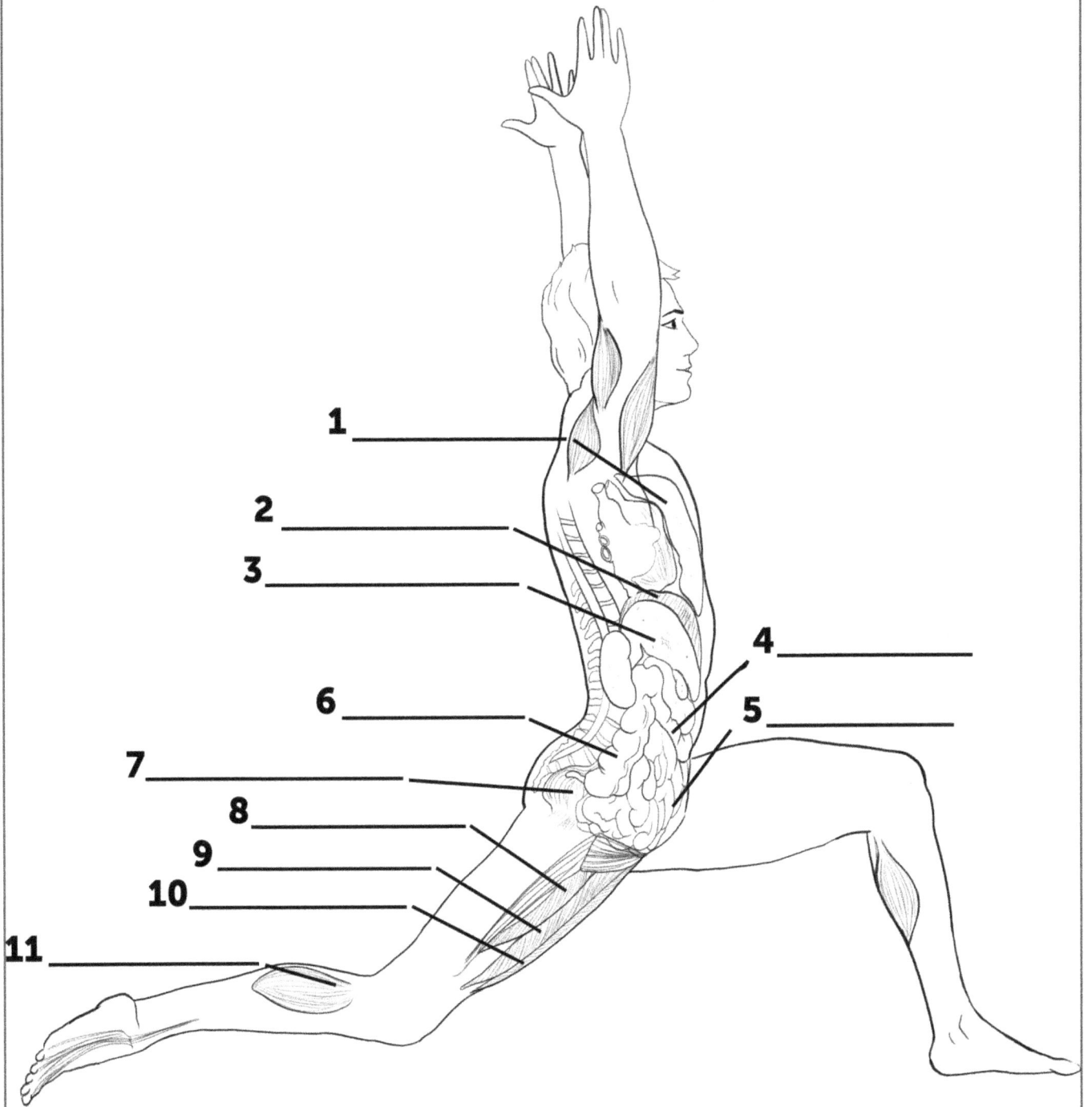

41. LUNGE BAJO

1 _____

2 _____

3 _____

4 _____

5 _____

6 _____

7 _____

8 _____

9 _____

10 _____

11 _____

41. LUNGE BAJO

1. PULMONES

2. DIAFRAGMA

3. HÍGADO

4. COLON TRANSVERSO

5. FOLICULOS DE INTESTINO DELGADO

6. COLON ASCENDENTE

7. RECTO

8. MÚSCULO VASTO LATERAL

9. RECTO FEMORAL

10. VASTO MEDIAL

11. GASTROCNEMIO

42. PARVRTTA ANJANEYASANA

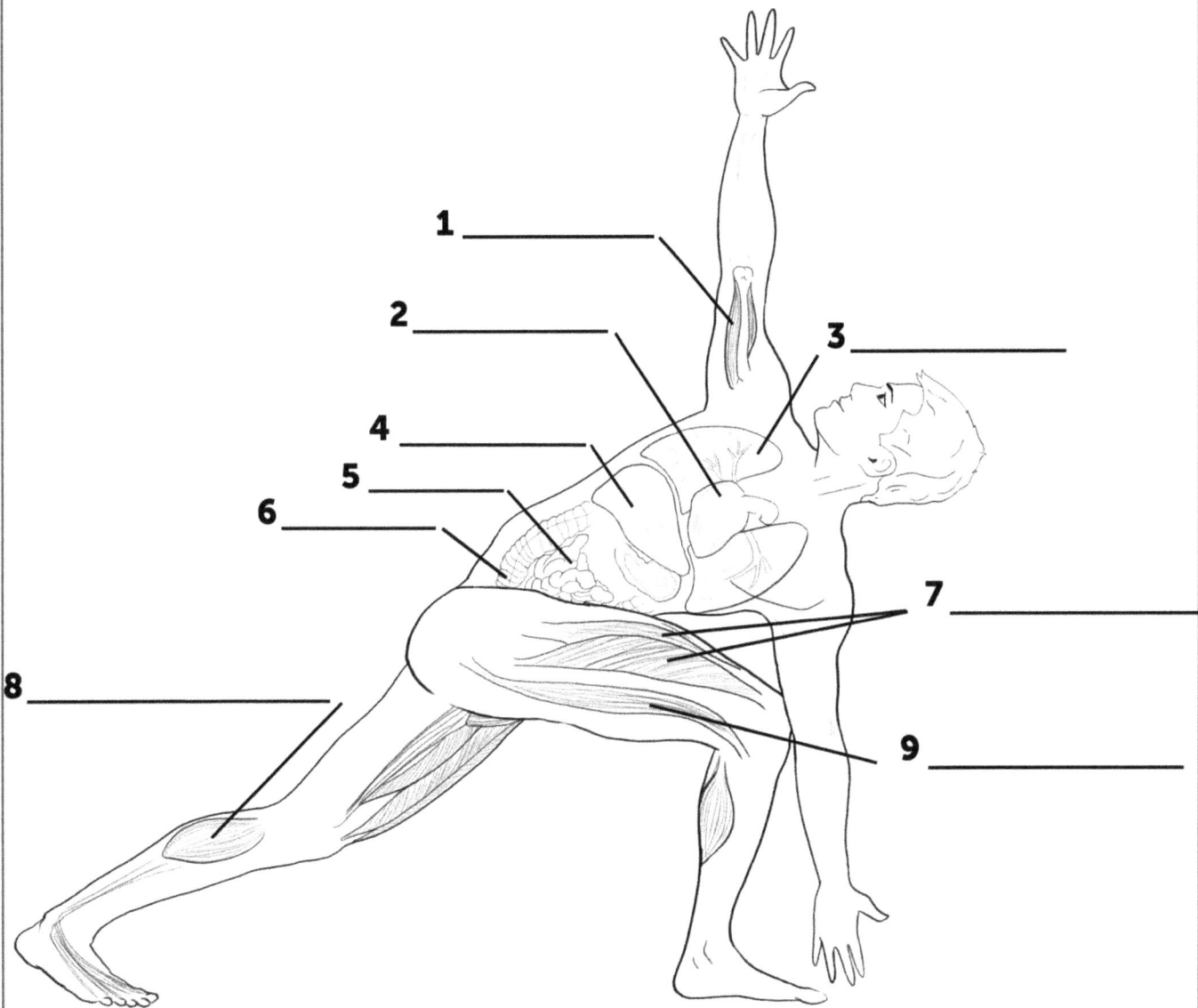

1 _____

2 _____

3 _____

4 _____

5 _____

6 _____

7 _____

8 _____

9 _____

42. PARVRTTA ANJANEYASANA

1. BÍCEPS BRAQUIAL
2. CORAZÓN
3. PULMONES
4. HÍGADO
5. FOLICULOS DE INTESTINO DELGADO
6. COLON ASCENDENTE
7. CUADRÍCEPS
8. GASTROCNEMIO
9. ISQUIOTIBIALES

43. PRASARITA PADOTTANASANA

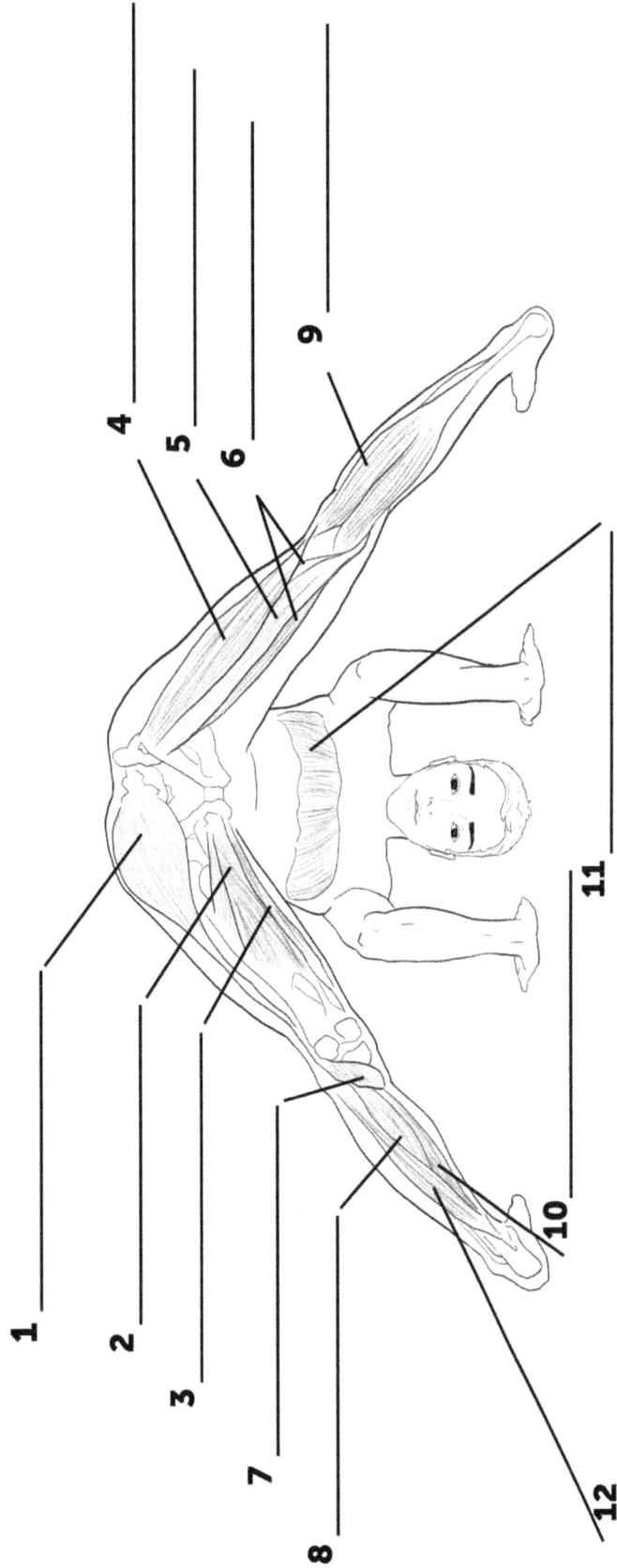

43. PRASARITA PADOTTANASANA

1. MÚSCULO GLÚTEO MAYOR

2. ADUCTOR MAYOR

3. GRÁCIL

4. BÍCEPS FEMORAL

5. SEMITENDINOSO

6. SEMIMEMBRANOSO

7. POPLÍTEO

8. TIBIAL POSTERIOR

9. GASTROCNEMIO

10. FLEXOR LARGO DE LOS DEDOS

11. DIAFRAGMA

12. FLEXOR LARGO DEL DEDO

44. POSTURA DE DIOSA

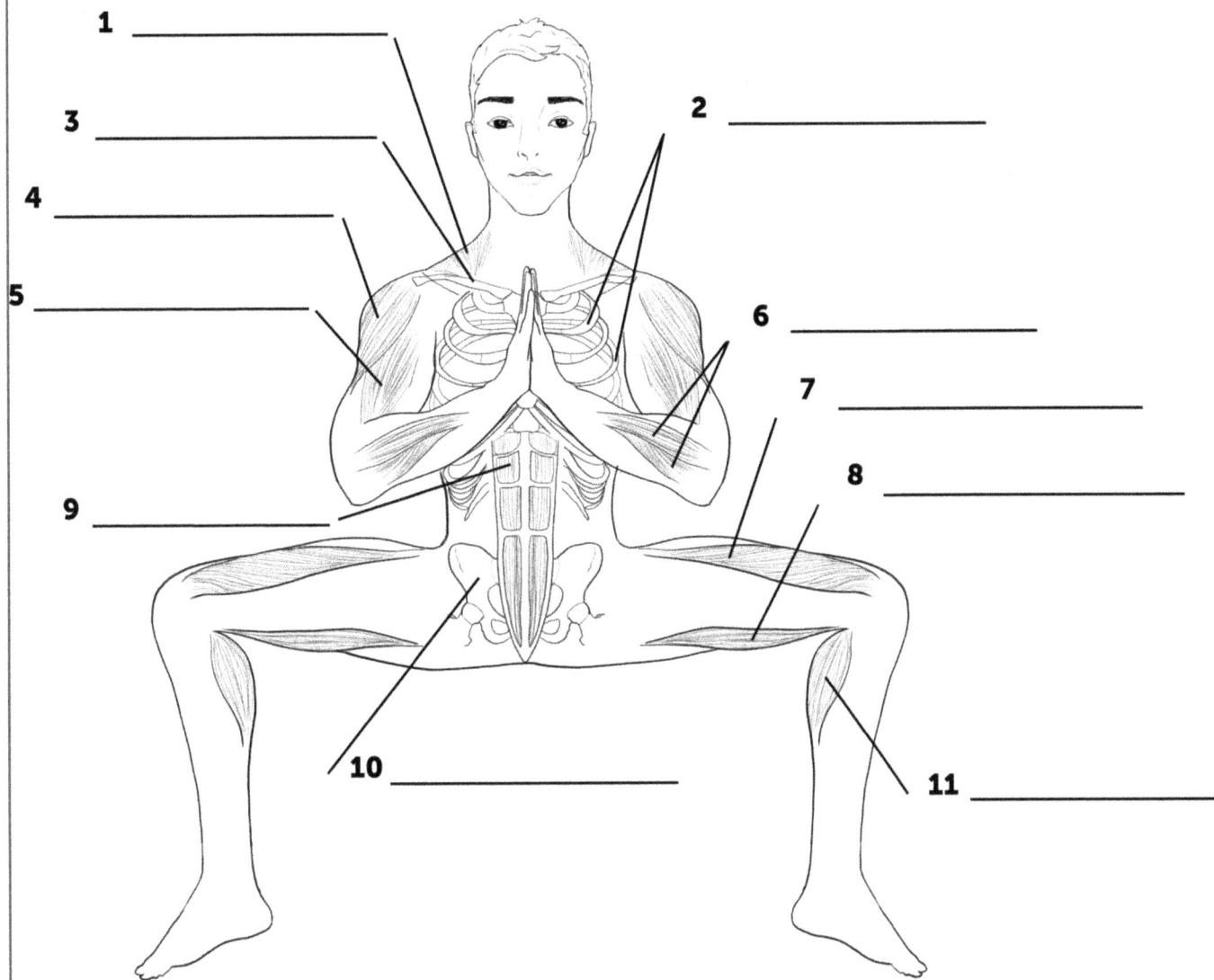

1 _____

3 _____

4 _____

5 _____

2 _____

6 _____

7 _____

8 _____

9 _____

10 _____

11 _____

44. POSTURA DE DIOSA

1. TRAPECIO
2. COSTILLAS
3. CLAVÍCULA
4. DELTOIDES
5. BÍCEPS BRAQUIAL
6. PRONADORES
7. CUADRÍCEPS
8. ISQUIOTIBIALES
9. RECTO ABDOMINAL
10. PELVIS
11. GASTROCNEMIO

45. PUENTE DE UNA PIERNA

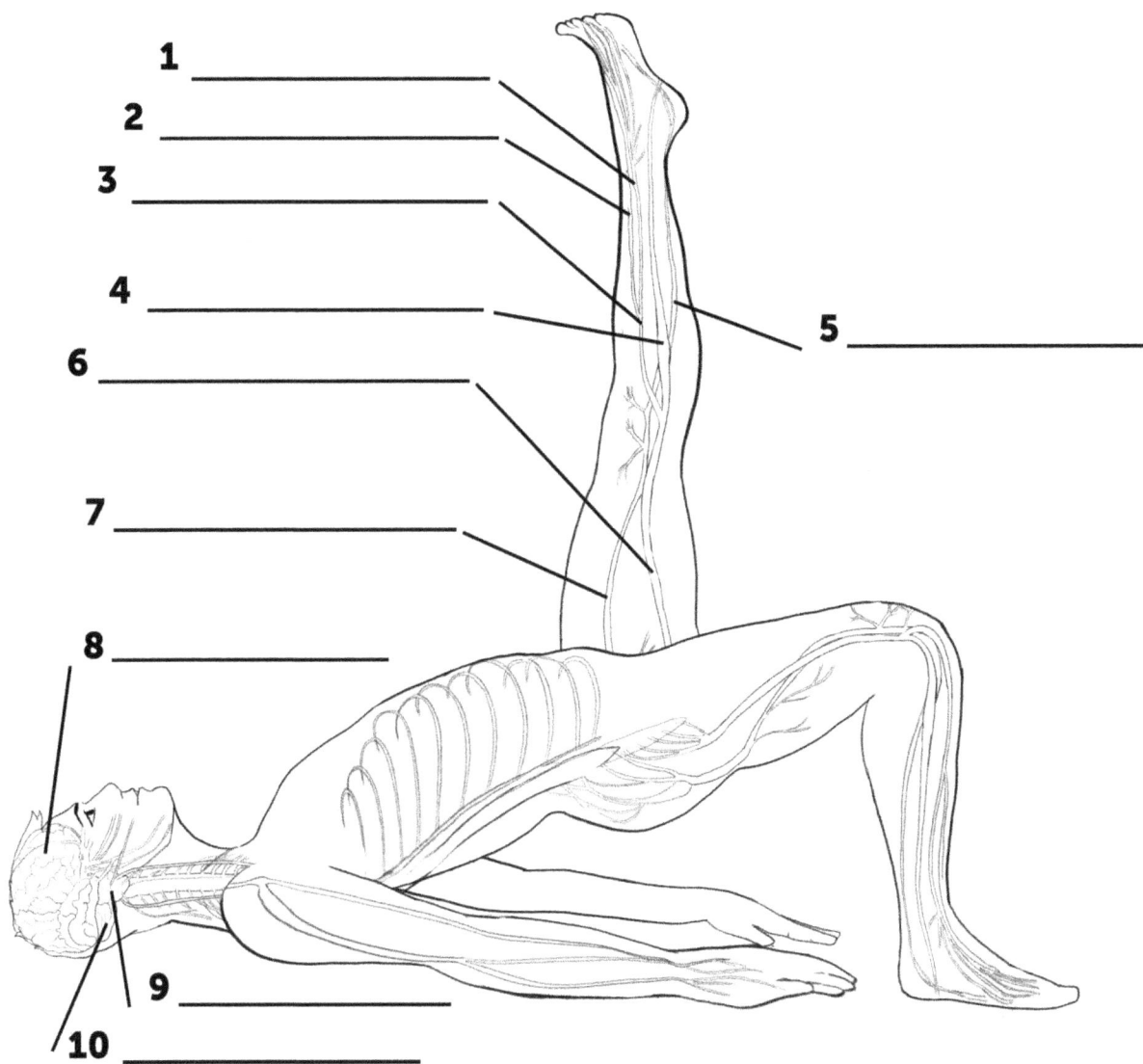

1 _____

2 _____

3 _____

4 _____

5 _____

6 _____

7 _____

8 _____

9 _____

10 _____

45. PUENTE DE UNA PIERNA

1.   PERONEO PROFUNDO

2.   PERONEO SUPERFICIAL

3.   PERONEO COMÚN

4.   TIBIAL

5.   SAFENA

6.   CIÁTICO

7.   FEMORAL

8.   CEREBRO

9.   TRONCO ENCEFÁLICO

10. CEREBELO

46. POSTURA DEL CUERVO

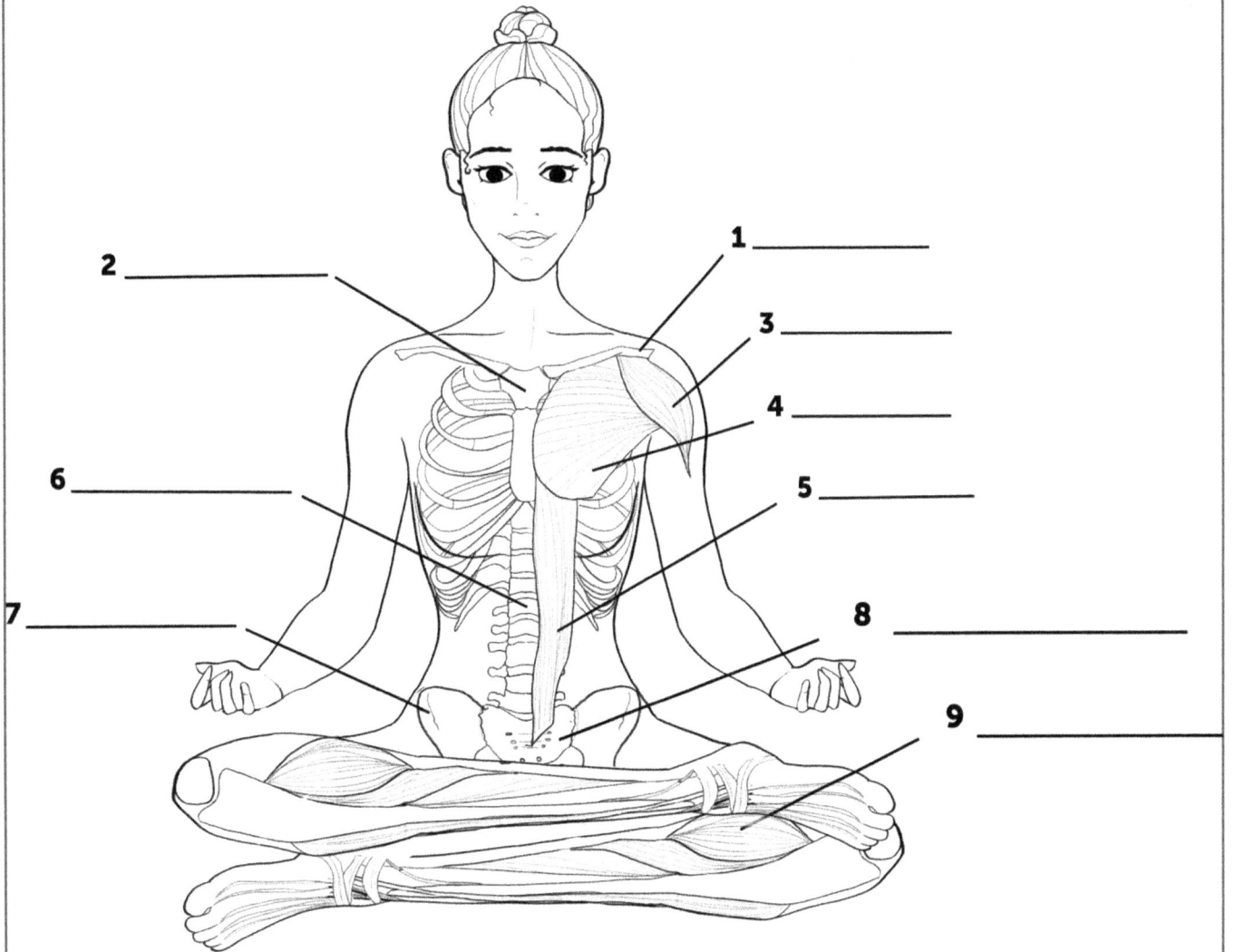

1 _____

2 _____

3 _____

4 _____

5 _____

6 _____

7 _____

8 _____

9 _____

46. POSTURA DEL CUERVO

1.   CLAVÍCULA

2.   ESTERNÓN

3.   DELTOIDES

4.   PECTORAL MAYOR

5.   RECTO ABDOMINAL

6.   COLUMNA VERTEBRAL

7.   PELVIS

8.   SACRO

9.   GASTROCNEMIO

47. PASCHIMOTTANASANA

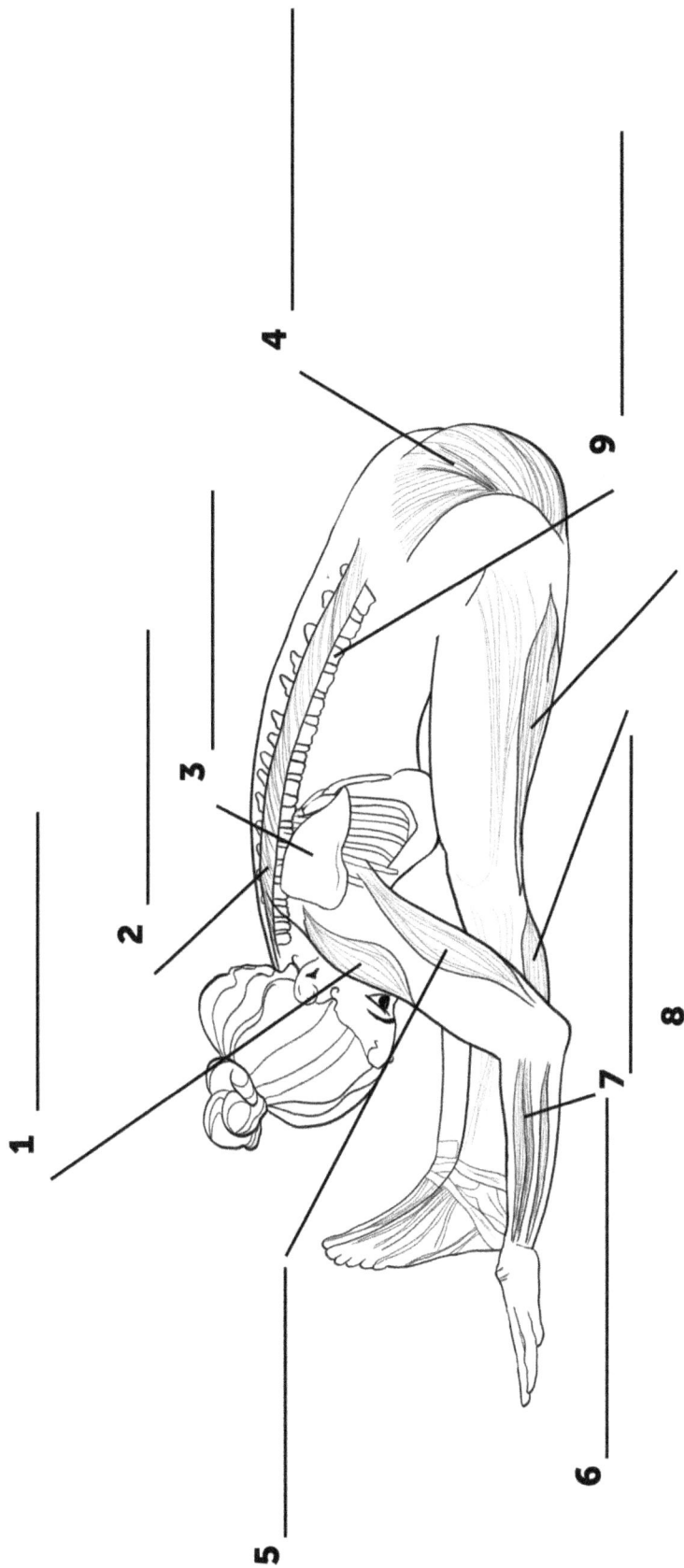

47. PASCHIMOTTANASANA

1. DELTOIDES
2. MÚSCULOS DE LA COLUMNA
3. ESCÁPULA
4. PIRIFORME
5. TRÍCEPS BRAQUIAL
6. PRONADORES
7. GASTROCNEMIO
8. ISQUIOTIBIALES
9. COLUMNA VERTEBRAL

48. JANU SHIRASASANA

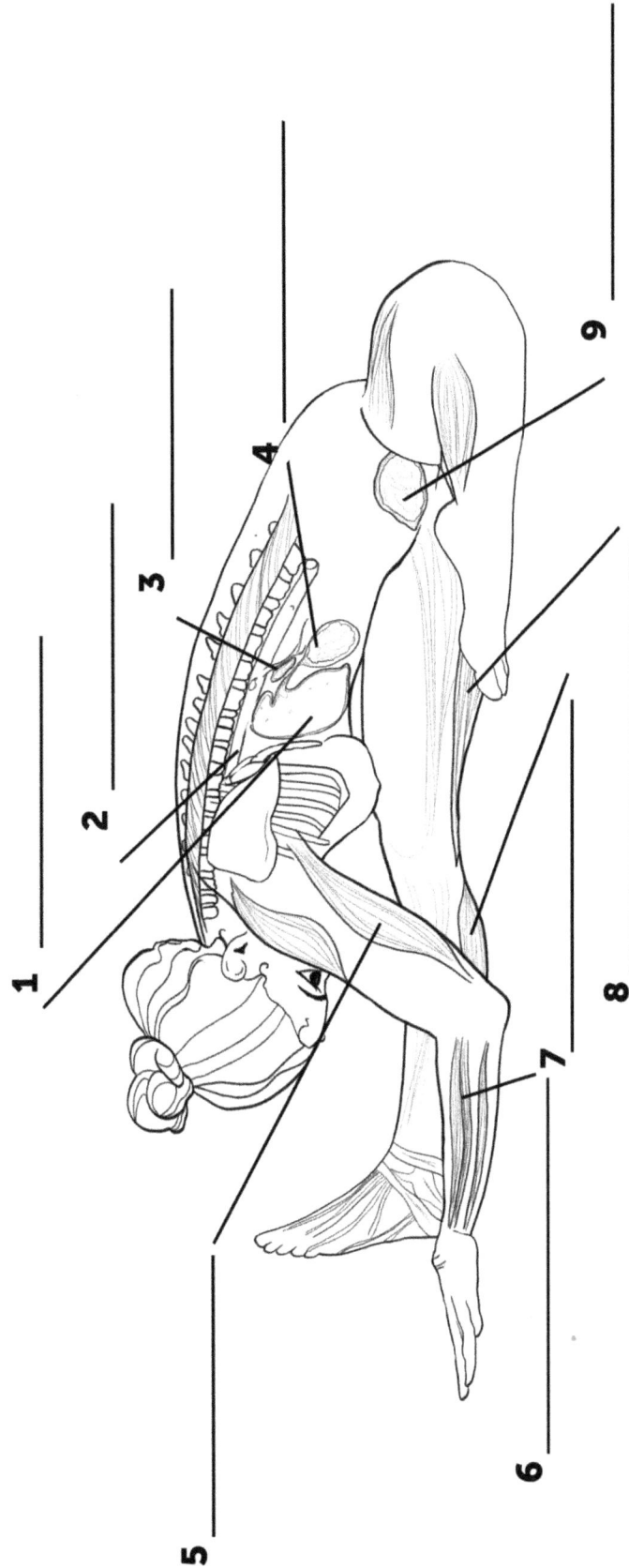

48. JANU SHIRASASANA

1. HÍGADO
2. AORTA ABDOMINAL
3. PÁNCREAS
4. ESTÓMAGO
5. TRÍCEPS BRAQUIAL
6. PRONADORES
7. GASTROCNEMIO
8. ISQUIOTIBIALES
9. VEJIGA URINARIA

49. RODILLAS AL PECHO

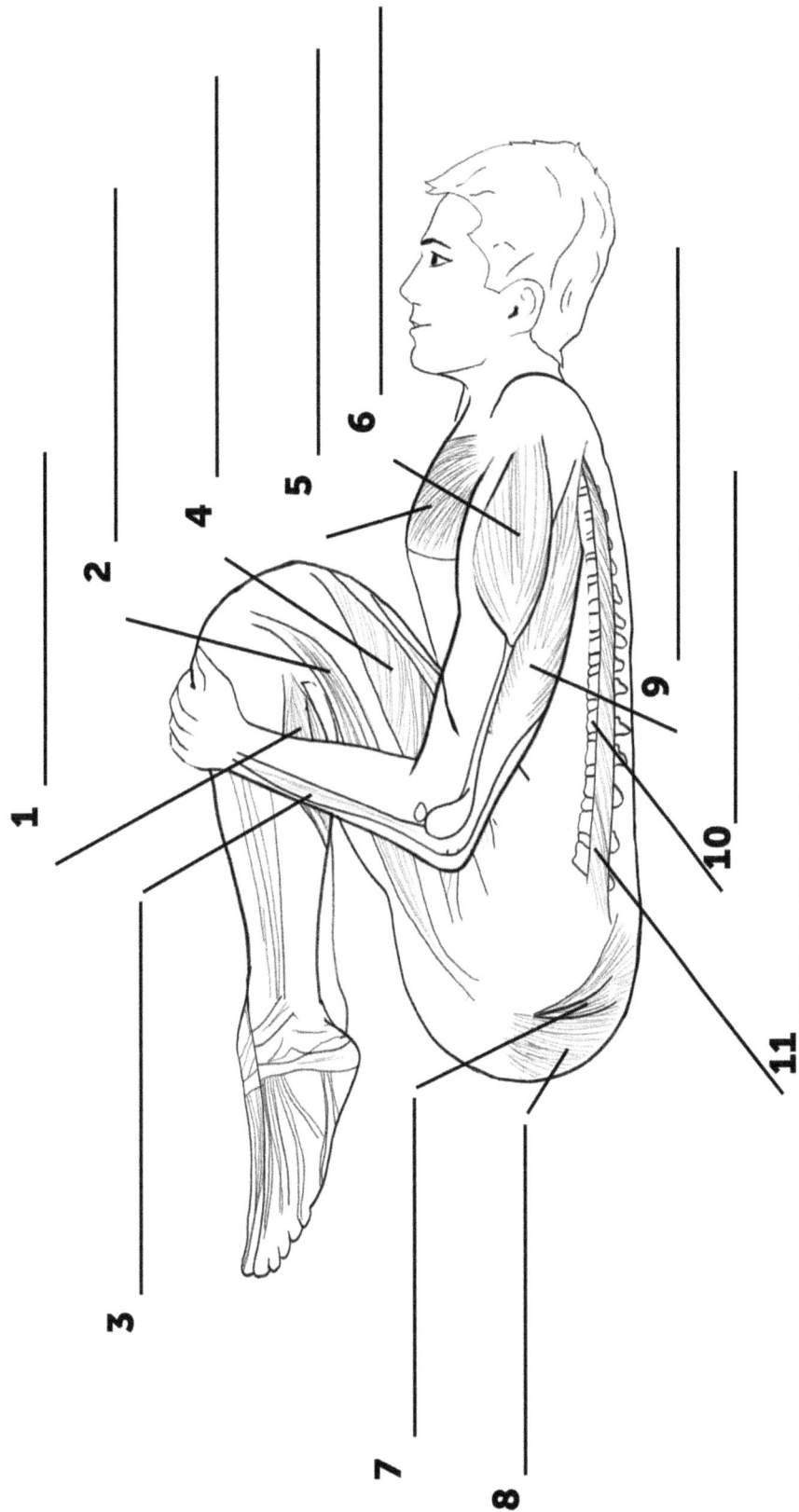

49. RODILLAS AL PECHO

1. GASTROCNEMIO
2. ISQUIOTIBIALES
3. PRONADORES
4. CUADRÍCEPS
5. PECTORAL MAYOR
6. DELTOIDES
7. PIRIFORME
8. MÚSCULO GLÚTEO MAYOR
9. TRÍCEPS BRAQUIAL
10. COLUMNA VERTEBRAL
11. MÚSCULOS DE LA COLUMNA

50. POSTURA DE LEÓN

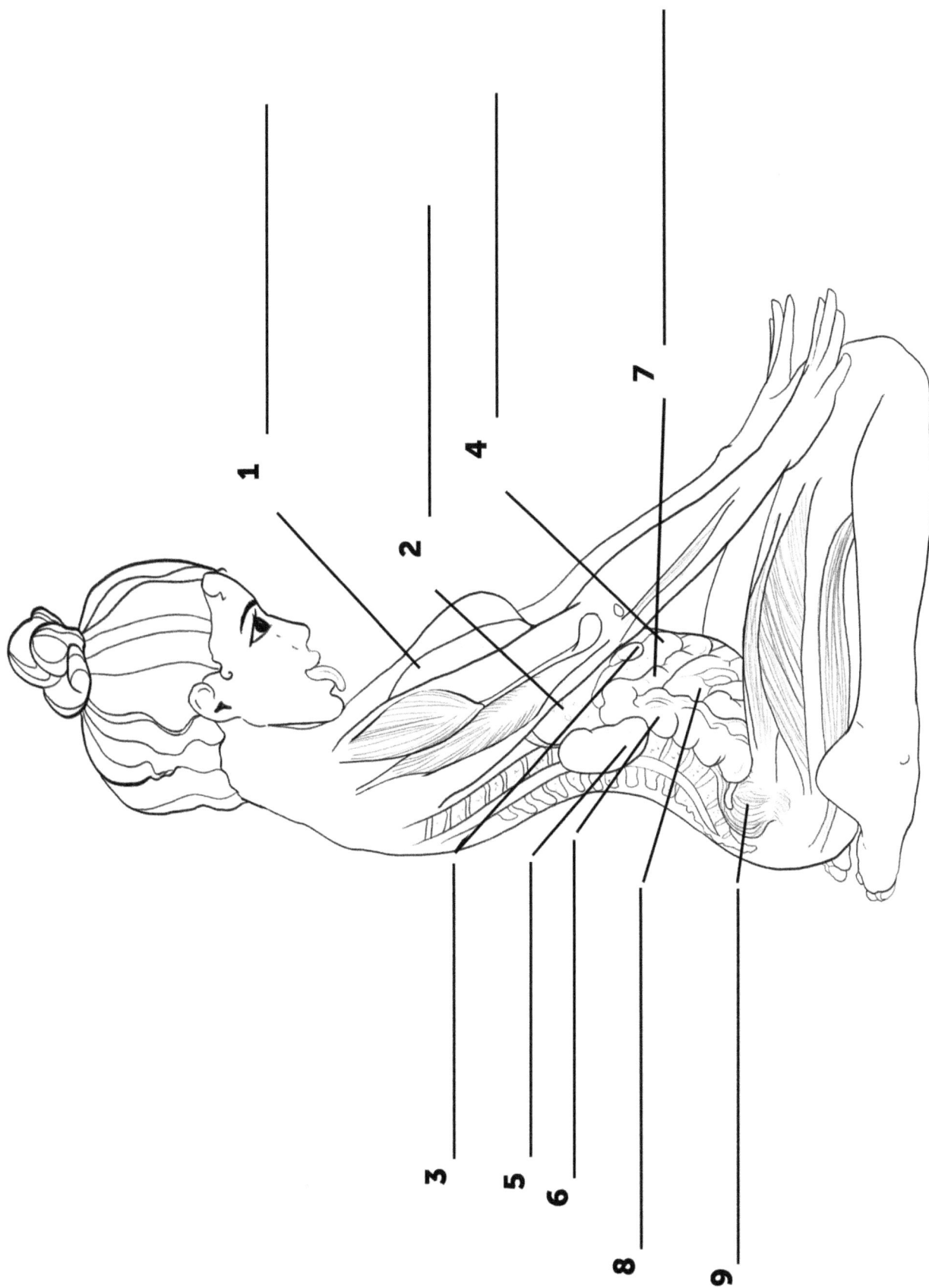

1

2

4

7

3

5

6

8

9

50. POSTURA DE LEÓN

1.   PULMONES

2.   HÍGADO

3.   VESÍCULA BILIAR

4.   ESTÓMAGO

5.   RIÑÓN

6.   COLON ASCENDENTE

7.   COLON TRANSVERSO

8.   FOLICULOS DE INTESTINO DELGADO

9.   RECTO

51. SAVASANA

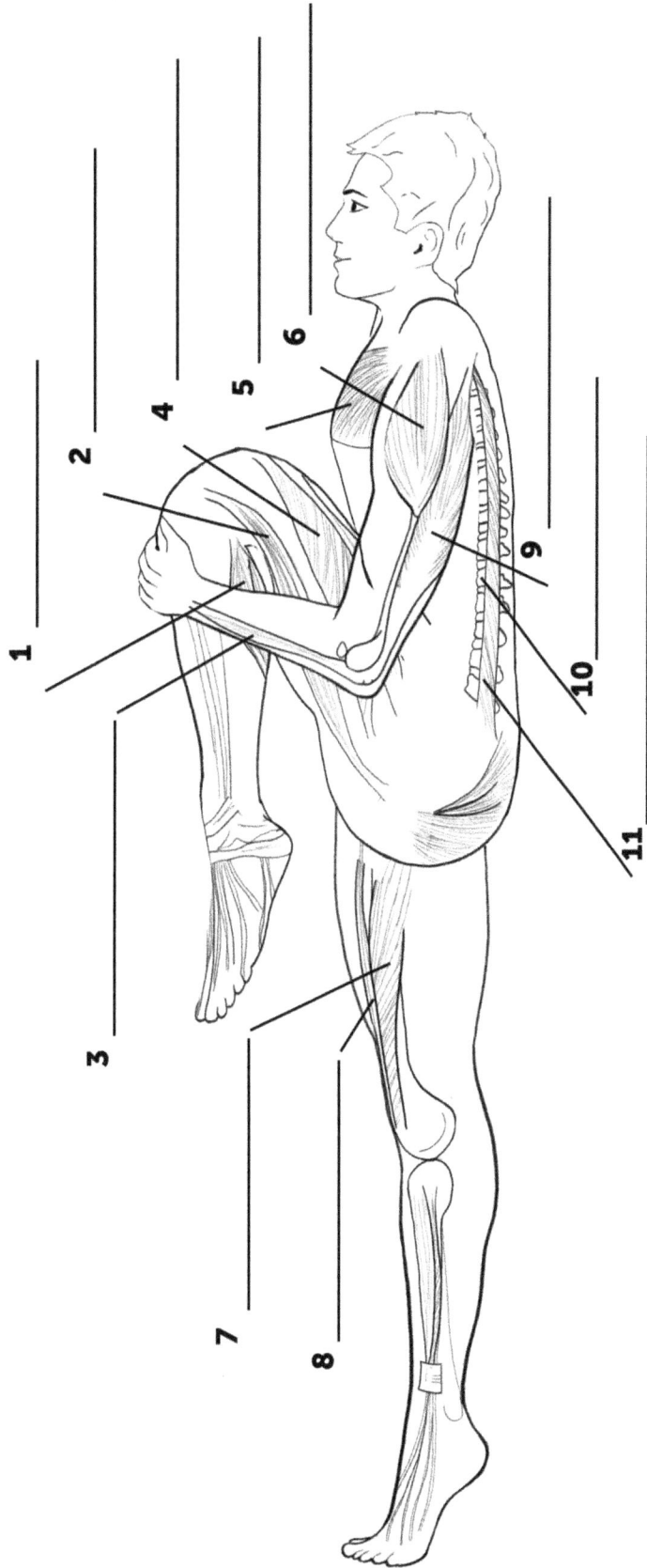

51. SAVASANA

1.   GASTROCNEMIO
2.   ISQUIOTIBIALES
3.   PRONADORES
4.   CUADRÍCEPS
5.   PECTORAL MAYOR
6.   DELTOIDES
7.   RECTO FEMORAL
8.   SARTORIO
9.   TRÍCEPS BRAQUIAL
10. COLUMNA VERTEBRAL
11. MÚSCULOS DE LA COLUMNA

52. GATO SENTADO

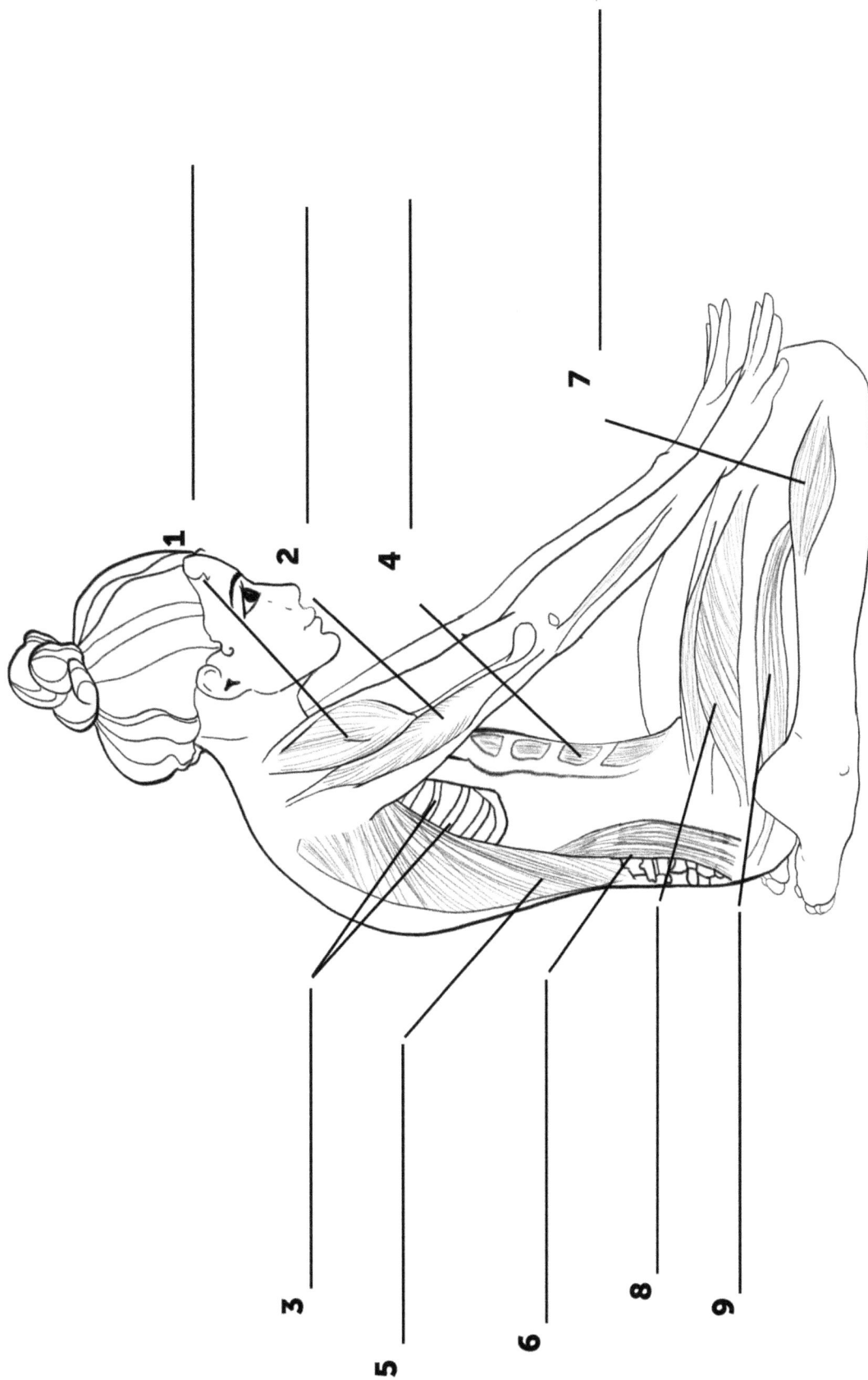

1

2

4

7

3

5

6

8

9

52. GATO SENTADO

1. DELTOIDES
2. TRÍCEPS BRAQUIAL
3. COSTILLAS
4. RECTO ABDOMINAL
5. LATISSIMUS DORSI
6. ERECTOR DE LA COLUMNA
7. GASTROCNEMIO
8. CUADRÍCEPS
9. ISQUIOTIBIALES

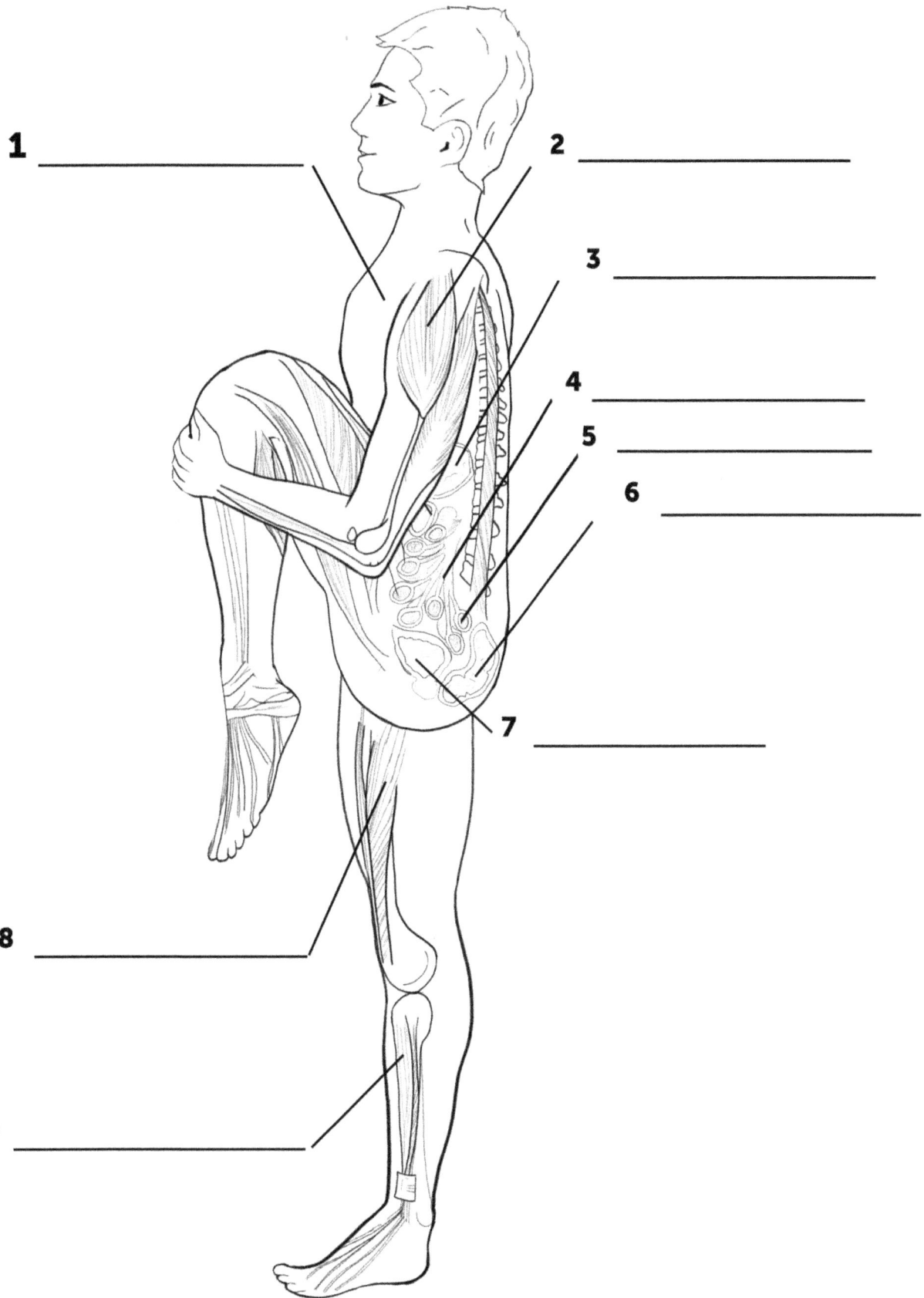

53. VṛKṣāSANA

1 _____

2 _____

3 _____

4 _____

5 _____

6 _____

7 _____

8 _____

9 _____

53. VṛKṣāSANA

1. PECHO
2. DELTOIDES
3. ESTÓMAGO
4. MESENTERIO DEL INTESTINO DELGADO
5. FOLICULOS DE INTESTINO DELGADO
6. RECTO
7. VEJIGA URINARIA
8. RECTO FEMORAL
9. TIBIAL ANTERIOR

54. POSTURA DE MEDIO LOTO DE PIE

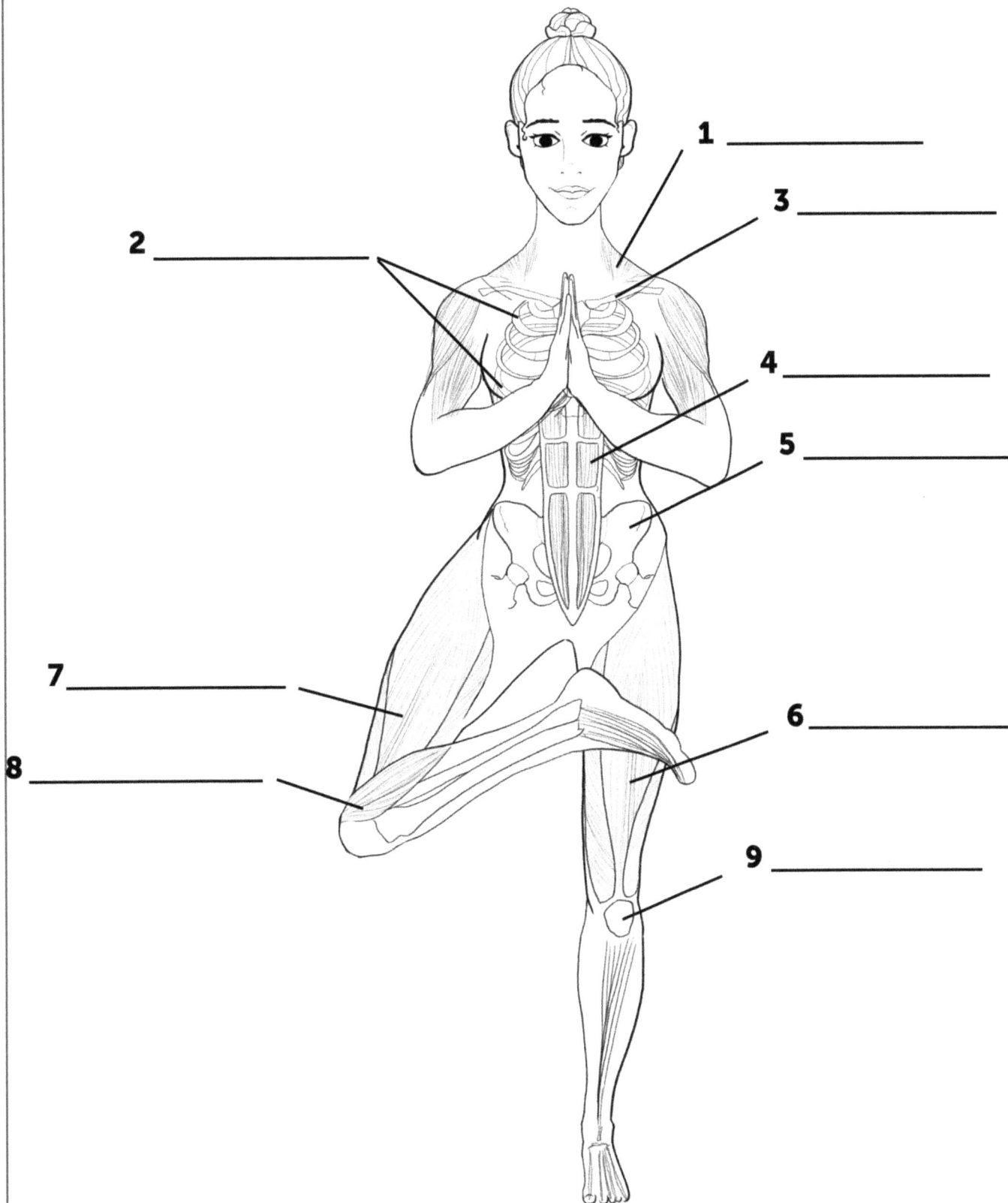

1 _____

3 _____

2 _____

4 _____

5 _____

7 _____

6 _____

8 _____

9 _____

54. POSTURA DE MEDIO LOTO DE PIE

1. TRAPECIO

2. COSTILLAS

3. CLAVÍCULA

4. RECTO ABDOMINAL

5. PELVIS

6. CUADRÍCEPS

7. ISQUIOTIBIALES

8. GASTROCNEMIO

9. RÓTULA

www.ingramcontent.com/pod-product-compliance
Lightning Source LLC
Chambersburg PA
CBHW051348200326

41521CB00014B/2521